Carl Friedrich von Weizsäcker:
Der Mensch in seiner Geschichte

Deutscher
Taschenbuch
Verlag

dtv

Von Carl Friedrich von Weizsäcker
sind im Deutschen Taschenbuch Verlag erschienen:
Wege in der Gefahr (1452)
Deutlichkeit (1687)
Wahrnehmung der Neuzeit (10498)
Bewußtseinswandel (11388)
Das Carl Friedrich von Weizsäcker Lesebuch (30305)

Ungekürzte Ausgabe
Oktober 1993
Deutscher Taschenbuch Verlag GmbH & Co. KG,
München

ISBN 3-446-16361-1
Umschlaggestaltung: Heinz Lauer
Satz: Ludwig Auer GmbH, Donauwörth
Druck und Bindung: C. H. Beck'sche Buchdruckerei,
Nördlingen
Printed in Germany · ISBN 3-423-30378-6

Das Buch

Wer sind wir? Woher kommen wir? Wohin gehen wir? Diese drei fundamentalen Fragen, mit denen der Mensch von alters her seine Existenz zu bestimmen und zu begründen versucht, sind auch die Leitmotive, die Carl Friedrich von Weizsäcker diesem autobiographischen Rückblick zugrunde legt. Seine Antworten auf diese Fragen schöpfen aus umfassender und durchdringender Kenntnis der modernen Naturwissenschaft, der Kulturgeschichte, der Politik, der Theologie und der Ethik. Stets bleibt Carl Friedrich von Weizsäcker der besorgte und kritische Mahner und Warner, er beschwört das Verhängnis der modernen Wissenschaft, in Bereiche vorgedrungen zu sein, auf die der menschliche Instinkt nicht vorbereitet war. Der Forscher findet und erfindet, aber die Menschheit verliert die Kontrolle über das Gefundene. Doch Weizsäcker »geht über die Feststellung ungelöster Probleme hinaus. Er bietet eine erstaunlich umfassende Orientierung über das gegenwärtige Wissen. Ein Philosoph, der weiß, wovon er spricht, wenn er über Physik, Evolution, Politik und gar nicht leider auch Theologie spricht, ist vielleicht das letzte Exemplar einer aussterbenden Spezies; der Mut zur Synopsis und die Kraft der synthetischen Bemühung sind großartig.« (Albert von Schirnding in der ›Süddeutschen Zeitung‹)

Der Autor

Carl Friedrich von Weizsäcker, geboren am 28. Juni 1912 in Kiel, studierte Physik und promovierte 1933 bei Werner Heisenberg. Nach seiner Habilitation 1936 lehrte er Physik in Straßburg und Göttingen, Philosophie in Hamburg. 1970 bis 1980 war er Direktor des Starnberger Max-Planck-Instituts zur Erforschung der Lebensbedingungen der wissenschaftlich-technischen Welt. Zahlreiche Veröffentlichungen, zuletzt ›Zeit und Wissen‹ (1992).

Inhalt

II. Einsichten

Viertes Kapitel
Zeit, Physik, Metaphysik

Fünftes Kapitel
Die Wissenschaften

Sechstes Kapitel
Skizze zur Philosophie

Siebtes Kapitel
Wege der Religion

III. ZUKUNFT

Achtes Kapitel
Wohin gehen wir?

Vorwort

Wer Bücher schreibt, sollte wohl von den Motiven dieser Tätigkeit Rechenschaft geben. Drei Themenkreise haben mich zum Schreiben motiviert: Naturwissenschaft, Philosophie, Politik über einem ihnen gemeinsamen Untergrund von Religion. Naturwissenschaft, speziell theoretische Physik, ist mein gelernter Beruf, in dem ich auch heute noch arbeite. Philosophie ist der Versuch, zu verstehen, was wir denken und was wir tun; so war sie für mich zunächst der Versuch, die Naturwissenschaft zu verstehen. Politik hingegen ist die bittere Pflicht des Physikers im Zeitalter der Atombombe.

Es geht um das Verständnis des Menschen, der sich in seiner Geschichte als Kind der Natur vorfindet. Dies war schon ein Thema der Vorlesungsreihe *Die Geschichte der Natur* (1948) und, auf den Menschen konzentriert, der Aufsatzsammlung *Der Garten des Menschlichen* (1977) mit dem Untertitel *Beiträge zur geschichtlichen Anthropologie.* Man könnte das jetzige Buch als einen einmaligen Gang durch diesen Garten bezeichnen, der in der verwirrenden Vielfalt der Gewächse doch einen Zusammenhang aufsucht; um der durch die beabsichtigte Kürze bedingten raschen Schritte willen nenne ich es im Text auch einen »Rundritt«. Es handelt sich hier freilich nicht nur um die Freude am Garten; es handelt sich auch um *Wege in der Gefahr* (1976), denn *Die Zeit drängt* (1986).

Hinter dieser raschen Darstellung steht jedoch auch eine in anderen Texten vorgeführte schwere systematische Anstrengung. Der Titel *Die Einheit der Natur* (1971) bezeichnete ein Programm, das im *Aufbau der Physik* (1985) systematisch durchgeführt wurde, soweit meine Kräfte dafür ausreichten. Dort wurde dann noch ein Buch philosophischer Reflexion auf diesen Aufbau, unter dem Titel *Zeit und Wis-*

sen, angekündigt, das ich nun, im kommenden Jahr, vorzulegen hoffe. Es zeigte sich, daß dieses Buch, wenn es eine Art Abschlußbericht meiner Arbeit sein wollte, sehr umfangreich werden mußte. Es wird nun zwei Bände umfassen: einen ersten, systematisch fortschreitenden langsamen »Rundgang«, und einen zweiten, ergänzenden Band von »Materialien und Reflexionen«. »Zeit« und »Geschichte« waren die systematisch zentralen Begriffe aller hier genannten Überlegungen; daher der Titel *Zeit und Wissen.*

Bei der Arbeit an diesen Bänden empfand ich dann aber, dem Leser solle doch vorweg der lange Weg in einem raschen Durchgang, eben einem »Rundritt« einmal vorgestellt werden. Dies wurde das Motiv, das jetzige kurze Buch zu schreiben. Wie es nun vorliegt, verlangt es natürlich vom Leser nicht, sich auch auf den nachfolgenden Wälzer einzulassen, es sei denn, die gründliche philosophische Arbeit sei sein Anliegen. Hingegen sei noch auf einige ältere Texte verwiesen, die Materialien zum »Menschen in seiner Geschichte« anbieten. *Der bedrohte Friede* (1981), *Wahrnehmung der Neuzeit* (1983), *Bewußtseinswandel* (1988) behandeln in vielen Einzelheiten die Fragen »Woher kommen wir?« und »Wohin gehen wir?«, politisch, geistesgeschichtlich, religiös; aktualitätsbezogen auch *Bedingungen der Freiheit* (1990). Für diese Vielfalt der Fragen sucht das jetzige Buch eine Orientierung.

Im Sinne des philosophischen Verfahrens ist dabei die Distanzierung vom »hierarchischen« Anspruch des sogenannten »Systems« wichtig, einem Anspruch, der zwei Jahrtausende der Philosophiegeschichte durchzog. Statt dessen gebrauche ich hier die Vokabeln »Rundgang« oder »Kreisgang«: ein Kreis, in den man irgendwo eintreten darf, den man aber dann mehrmals durchlaufen muß. Dieses Programm ist, anschließend an die *Geschichte der Natur,* schon in den Vorlesungen *Die Tragweite der Wissenschaft* (1. Band 1964, vollständig 1990) entwickelt: Die Natur ist älter als der Mensch, der Mensch aber ist älter als die Naturwissenschaft.

Ich beende das Vorwort mit einem dreifachen Dank. An meinen 1982 verstorbenen Freund Georg Picht, der mich in der Zeit philosophieren lehrte. An meine Frau, der ich als der Schweizer Historikerin Gundalena Wille 1934 begegnete und ohne die ich wohl das Leben in unserer Geschichte nicht ertragen hätte. An Ruth Grosse, der ich seit zwanzig Jahren in jedem Buch, das sie betreut hat, für eine Begleitung danke, die mehr ist als das gemeinsame Tragen einer Arbeitslast.

Starnberg, Februar 1991 C. F. v. Weizsäcker

I
Herkunft

Erstes Kapitel
Wer sind wir?

1. Die Frage

Wir leben heute. Wir leben hier.
Wer sind »wir«?
Was ist »Leben«?
Was ist »heute«? Wann ist das?
Was heißt »hier«? Wo ist das?

Versuchen wir, Antworten anzubieten, die den Sinn der Frage erläutern!

Wir, das sind die jeweiligen Partner des Lebens, des Gesprächs. Der Leser, der dies soeben liest. Ich, der ich mich an ihn wende. Meine Frau, meine Kinder, meine Enkel und Urenkel. Meine Freunde. Meine Nation. Meine Kollegen rund um die Erde. Die Mitlebenden. Die Hungernden. Die Opfer des Krieges, der soeben geführt wird.

Aber doch auch die Tiere. Auch sie leben mit uns. Hunde, Kühe, Vögel, Fische, Mücken. Der Wald lebt, das Getreide, die Wiese. Pilzgeflechte, die Darmflora, die Krankheiten leben. Hatten die Alten recht mit der Meinung, daß Erde und Sonne leben?

Kehren wir noch einmal zurück zu uns Menschen! Als was haben wir Menschen uns einst verstanden? Als was verstehen wir uns heute?

Einst, vor Jahrtausenden, kannten wir uns vielleicht als die Nachkommen eines göttlichen Ahnen, vielleicht auch als die Spielzeuge eines Himmelgottes oder von bösen Mächten, von irdischen, allgegenwärtig verborgenen Dämonen.

Dann waren wir der Lehmkloß, dem der Schöpfergott seinen Atem eingeblasen hat. Oder wir waren wandernde Seelen durch viele Leiber, durch viele Schicksale. Oder wir wurden die Träger des göttlichen Versprechens, die Arbeiter im Weinberg des Gottesreichs, die Angeklagten des Jüngsten Gerichts.

Wer sind wir heute? Sind wir nicht die Kinder der Evolution, Geschwister oder Vettern der Tiere? Wir sind klug. Sind wir die Hoffnungsträger des Fortschritts? Oder sind wir die Schuldigen, die Ingenieure der Katastrophe?

Und rings das Weltall, die Galaxien. Sind wir einsame Fremdlinge im Kosmos? Eine Flaumfeder in der Unermeßlichkeit?

Wer sind wir?

2. Eine Öffnung des Blicks: Wer bin ich?

Wie öffnet sich unser Blick? Lebend haben wir uns mitten im Leben vorgefunden. Ich möchte den Leser bitten, sich zu erinnern, wie sich ihm sein »Wir«, sein »Hier«, sein »Ich«, sein »Jetzt« – vermutlich in dieser zeitlichen Reihenfolge – eröffnet hat. Wir haben affektiv wahrgenommen, ehe wir gedeutet haben. Ich möchte deshalb hier meine eigenen Wahrnehmungen schildern, in denen mir das begegnet ist, worüber dann philosophiert wird. Jeder andere wird anders wahrgenommen haben.

Wie hat es wohl angefangen? Eben das weiß ich kaum. Da ist die Wärme, da ist die Mutter, da sind die anderen Erwachsenen und Kinder, im Haus, auf der Straße, im Wald. Mitten unter ihnen – so meine Erinnerung – der »Bub«, der später von sich als »ich« redet. Aber das sind schon nachträgliche Reflexionen.

Die erste Erinnerung, die ich datieren kann, liegt im Januar 1915. Ich war zweieinhalb Jahre alt. Meine Großmutter fuhr mit mir auf dem Rodelschlitten von der Solitude nach Botnang hinunter, um meine Mutter im Krankenhaus in Stuttgart zu besuchen, bei dem neugeborenen »Brüderle«, das wenige Tage nachher an einer Infektion starb.

In alten »Kavaliershäuschen« beim Schloß Solitude hatten

beide Großelternpaare Sonntags- und Sommerwohnungen gemietet. Ich liebte sehr den schmalen Waldweg neben der Straße nach Botnang, sommers im gedämpften Sonnenlicht. Ich sagte, »des Wegle freut sich ganz«.

Da war meine erste große Liebe, die junge Schwester meiner Mutter, Schulkind, nur acht Jahre älter als ich, die »Tante Lie«.

Meine Mutter lehrte mich im Abendgebet den lieben Gott zu bitten, daß er den Papa und die Onkel behüte. Denn es war Krieg und die Onkel an der Front. Was Krieg, was Front war, wußte ich nicht. Ein unheimliches Grollen, ein fernes Gewitter rings um unser Land.

Eigentlich wohnten wir in Wilhelmshaven, denn mein Vater war Offizier in der Marine. Einmal im Jahr fuhr man mit der Eisenbahn von Wilhelmshaven nach Stuttgart und Monate später wieder nach Wilhelmshaven zurück. Die Eisenbahnfahrten waren schön. Die Landschaft rollte vorüber. Ich wollte Lokomotivführer werden.

Ich lernte lesen. Ich studierte den Atlas. »Die Pfütze da sieht aus wie Australien.« Nun wollte ich »Naturforscher« werden. Das hieß wohl zuerst Forschungsreisender, wie James Cook oder David Livingstone.

In der zweiten Schulklasse schenkte mir die Lehrerin Wanda Scholz ein Neues Testament. Ich verwahrte es.

Der Krieg war verloren. Zwei Brüder meiner Mutter, ein Bruder meines Vaters waren gefallen. Die Erwachsenen waren tief besorgt.

Wir waren nun vier Kinder, ich der Älteste. Mein Vater ging in den diplomatischen Dienst über, wurde deutscher Konsul in Basel. Dort kam ich ins Gymnasium. Ich las populäre Bücher über die Sterne. Nun wollte ich Astronom werden. Offenbar immer der weiteste vorstellbare Horizont. Außerdem hatte ich ein Phantasieland, in dem ich König war. Eltern, Geschwister, Schulfreunde bekamen Länder in derselben Welt. In den Ländern gab es Schachmeister, Geschichtsbücher, Außenpolitik, Krieg.

Im Alter von neunzehn Jahren starb die Tante Lie. Ich war elf Jahre alt. Als ich die Nachricht bekam, wunderte ich mich über mich, daß ich es ruhig aufnahm. Später, viele Jahre lang, kam sie in Träumen zu mir. Man durfte niemandem sagen, daß sie noch lebte. Ich mußte sie in einer Dachkammer verstecken. Ich kann mich nicht erinnern, daß ich jemals aufgehört hätte zu lieben, wo ich einmal geliebt hatte. Aber nicht jede Liebe kann gelebt werden.

Elfjährig begann ich in dem Neuen Testament der Wanda Scholz zu lesen. Entsetzen packte mich bei der Bergpredigt. Das ist unwidersprechlich wahr, was da steht. Aber dann ist mein Leben, ist unser aller Leben falsch. Man darf nicht Krieg führen. Ich muß mein Leben Gott widmen. Also muß ich Pfarrer werden. Aber ich bin doch Astronom! Der bestirnte Himmel in mir, das moralische Gesetz über mir.

Wozu berichte ich all das? Wahrnehmungen sind ursprünglicher als ihre Deutungen.

Die Nacht des 1. August 1924, im welschen Jura. Ich bin zwölf Jahre alt. Eine wunderbare Sternennacht. Hier ist Gott anwesend. Die Sterne sind Gaskugeln. Beides ist unwidersprechlich, und natürlich vereinbar. Aber niemand erklärt mir, *wie* man es vereint denken muß.

Wir siedeln nach Kopenhagen über. Ich habe inzwischen gelernt, daß es Atome gibt und daß ein Atom ein kleines Planetensystem ist. Leben auf den Elektronen auch wieder kleine Menschen? Ist unsere Sonne der Kern eines großen Atoms? Geht das nach oben und unten so weiter? So kann es doch nicht sein. Gelten vielleicht in den Atomen andere Naturgesetze als in unseren Dimensionen, aber solche Gesetze, die für unsere größeren Dimensionen die uns geläufigen Gesetze zur Folge haben?

Als ich in der Überlegung so weit gekommen war, lernte ich Werner Heisenberg kennen. Natürlich mußte ich nun Physiker werden.

Der Kinderglaube fiel von mir ab, als ich fünfzehn Jahre alt war, und er ist nie wieder gekommen. Das hatte fast nichts mit Naturwissenschaft zu tun, sondern mit historischer Relativierung. Es ist doch nicht anzunehmen, daß ich zu den Wenigen gehöre, die das Glück gehabt haben, in die einzig wahre Religion hineingeboren zu werden. Religion ist Sache des Wahrnehmens und Tuns, nicht des Fürwahrhaltens. Als Student hörte ich bei Joachim Wach eine Vorlesung über asiatische Religion und Philosophie. Die Bergpredigt ist unwidersprechlich, die Reden Buddhas und das Tao Te King sind es auch. Wie aber hängen diese Wahrheiten zusammen? Identisch sind sie doch nicht.

Der Zweite Weltkrieg bereitete sich vor. 1929, noch in der Schule, sah ich in einem Tagtraum Berlin in Trümmern. 1933 hörte ich als junger Physiker in Kopenhagen durchs Radio, daß Hitlers Deutschland aus dem Völkerbund ausgetreten sei. Damit schien mir der künftige Krieg gewiß. 1934 handelte das erste Gespräch mit einer Schweizer Journalistin nur hiervon. Sie wurde später meine Frau. Aber Hitler war nur eine Gestalt der Krise, die Ursachen lagen tiefer. Wo lagen sie? Wo ist eine Lösung?

Ich hatte die Physik um ihrer philosophischen Bedeutung willen, um der Quantentheorie willen, zum Studienfach gewählt. 1932, in dem großen Jahr der Entdeckung des Neutrons, der künstlichen Atomumwandlung, des Positrons, entschied sich für mich, daß ich Kernphysik zu meinem engeren Fach wählte. Sie hatte drei Vorteile: Sie war an der Front der Forschung; sie war nicht so abgründig schwer wie die Deutung der Quantentheorie, die ich mir erst später zutrauen würde; und, so schien es, sie war fern jeder technischen Anwendbarkeit. Ich wollte reine Forschung; Technik interessierte mich nicht sehr.

Ich kehrte dann zu meiner ersten Liebe, zur Astronomie zurück, jetzt Astrophysik genannt. Ich arbeitete über Kernreaktionen als Energiequelle der Sterne, später über die Entstehung des Planetensystems. Also Geschichte der Natur.

Aber Wissen ist Macht in der Geschichte des Menschen. Die große Erschütterung des Selbstverständnisses der Physiker war die unerwartete Entdeckung, daß sie Atombomben machen konnten. Jetzt wird es notwendig, die Institution des Kriegs zu überwinden. Das hat die Menschheit geistig und praktisch noch nicht begriffen. Als politisches Thema ist dies viel erörtert. Was ist geistig dafür zu tun?

Die kleine Gruppe von zehn deutschen Forschern, darunter Hahn und Heisenberg, die 1945 im englischen Gutshaus Farm Hall interniert war, begriff erst am Tag von Hiroshima, warum man sie für so wichtig hielt. Wir hatten nicht vermutet, daß die Bomben so schnell gebaut werden könnten. Aber in der Internierung hatten wir Zeit zum Nachdenken über Schuld, Verlust und Zukunft.

In der kleinen Bibliothek des Gutshauses las ich damals Miltons großes Epos *Paradise Lost.* Es ist ein Werk fast vom Rang der *Divina Commedia* Dantes. Es schildert die Natur, so wie der Dichter des 17. Jahrhunderts sie kennt, es schildert Adam und Eva im Paradies und den Sündenfall, der den Weg in die harte Geschichte der Menschheit auftut. Mir ging durch den Kopf, man müsse ein ähnliches Gedicht über unser heutiges Wissen von der Geschichte der Natur und der Menschheit schreiben. Oder eher, heutiger Bewußtseinslage näher, eine Darstellung in Prosa. Im Sommer 1946 hielt ich, inzwischen Honorarprofessor in Göttingen, dort eine Vorlesung mit solcher Absicht, die zwei Jahre später unter dem Titel *Die Geschichte der Natur* gedruckt wurde.

Die heutige Bewußtseinslage erfordert, daß wir auch die unvollendete Geschichte der Menschheit und ihres Wissens im Horizont der Geschichte der Natur sehen. Daher beginne ich den »Rundritt« an dieser Stelle.

Zweites Kapitel
Die Geschichte der Natur

1. Bild und Geschichte des Kosmos

Die Vorlesung über die Geschichte der Natur, die ich 1946 in Göttingen gehalten habe, ist jetzt, mehr als vierzig Jahre nach ihrer Veröffentlichung, in vielen Einzelheiten veraltet. An ihrem Grundkonzept aber würde ich auch heute nicht viel ändern. Ich skizziere hier, knapp und mehr in professioneller Sprache, was man heute über das Thema im Konsens der Wissenschaftler sagen kann und wo ich über den heutigen Konsens hinausgehende Vermutungen wage.

Zuerst das *Bild*, das wir uns vom heutigen Kosmos machen. Wir leben *hier*. Wo? Die erste Antwort des Kindes ist der Hinweis auf ein Haus. Dann ein Ortsname: auf der Solitude. Später eine politische Bezeichnung: in Deutschland. Der Astronom sagt zunächst: auf der Oberfläche der Erde. Die Erde, eine Kugel mit einem Umfang von 40 000 km, ist einer der Planeten der Sonne, die sie in 150 Millionen km (8 Lichtminuten) Entfernung umkreist. In unserem lokalen Sternsystem, der Milchstraße, einer relativ flachen Scheibe mit einem größten Durchmesser von etwa 40 000 Lichtjahren, befinden sich etwa hundert Milliarden (10^{11}) der Sonne vergleichbare Sterne. Die Wahrnehmungsfähigkeit unserer heutigen Meßgeräte für hinreichend strahlende Objekte reicht bis in einige Milliarden Lichtjahre. In diesem Raum gibt es wohl wenigstens eine Milliarde (10^9) Galaxien, d.h. der Milchstraße vergleichbare Sternansammlungen. Man darf also mit ca. 10^{20} selbstleuchtenden Sternen im heute beobachtungszugänglichen Teil des Kosmos rechnen. Außerdem gibt es vermutlich mehr nichtleuchtende, diffus verteilte Masse, als es Masse in den Sternen gibt; es gibt ferner das isotrope, einer Temperatur von etwa 2.7° K entsprechende Strahlungsfeld der »Hintergrundstrahlung«.

Dies also sind mindestens die Dimensionen, in denen wir die Welt heute zu denken haben. – Wie einsam sind »wir« in dieser Welt? Die Beobachtungen auf dem Mond und dem Mars haben bisher keine Spuren von organischem Leben gezeigt. Einige nähere Fixsterne scheinen Planeten zu haben; dabei kann man aber nur Körper von Jupitergröße noch feststellen. Ob es organisches Leben oder gar »Intelligenz« dort gibt, bleibt heute Sache bloßer Mutmaßungen.

Mit welchem Recht sprechen wir von »dem« Kosmos? Der Newtonsche Raumbegriff würde eine unendliche Erstreckung des Raums implizieren. Da der Raum, soweit heute unsere Instrumente reichen, einigermaßen homogen mit Galaxien erfüllt scheint, könnte dies eine auch materiell unendliche Welt bedeuten. Nach der Allgemeinen Relativitätstheorie ist die Raumstruktur aber von der Materieverteilung abhängig (und in der Quantentheorie haben wir Anlaß, den Raum überhaupt nur als eine »Oberflächenstruktur« der Welt anzusehen, vgl. Fünftes Kapitel, 3. B.d.). Einstein hat ein Weltmodell mit einem geschlossenen Raum entworfen. Die von Hubble gefundene, etwa entfernungsproportionale Rotverschiebung der Spektrallinien kosmischer Objekte wird als Dopplereffekt, d. h. als Zeichen einer Expansion der Welt verstanden. Empirisch sind bisher keine Indizien für eine globale Raumkrümmung gefunden worden, etwas zur Überraschung der kosmologischen Theoretiker. Wir stoßen hier an die Grenzen des heutigen Wissens.

Woher aber wissen wir all das? Ich spreche von unserem *»Bild«* des Kosmos. Bilder können wir formen, weil wir sehen können. Sehen aber ist wesentlich für Lebewesen, die sich frei bewegen können. Ich konnte als Kind den schmalen Weg von Botnang hinaufsteigen, weil ich ihn sah. Noch heute habe ich sein Bild in meiner erinnernden Vorstellung. Und das Sehen war mit Glück verbunden – »das Wegle freut sich«. Im Sehen und der optischen Vorstellung ist das Menschenkind Erbe seiner tierischen Ahnen. Die freie Bewegung, durchs Wasser, auf der Erdoberfläche, im Luftraum, ist eine der großen »Erfindungen des Lebens«, ein Mittel seiner Erderoberung. Nicht mehr wurzeln wie die Pflanze, passiv treiben wie Samen und Plankton, sondern selbst den Weg suchen und durchlaufen. Dazu aber ist Wahrnehmung des Weges nötig, die Fernsinne, als wichtigster eben das Sehen. Anschließend an die Gesichtswahrnehmung aber entwickelt sich die Phantasie, die optische Vorstellung. Konrad Lorenz hat gewiß recht, wenn er sagt, daß wir Menschen eine angeborene Vorstellung des dreidimensionalen Raumes haben, weil ohne diese unsere Vorfahren, die Affen, bei ihren Sprüngen von den Bäumen gefallen wären. Wie das Gehirn dies leistet, was überhaupt das Organ namens Gehirn damit zu tun hat, ist eine spätere Frage.

Wodurch aber sehen wir die Natur, die Ferne? Wir sehen sie im Licht. Wir sehen sie also, weil es das Licht gibt, für das wir ein Organ, das Auge, bekommen haben. Was ist Licht?

Wir haben unseren Rundritt mit dem Eintritt in das Weltbild der Astronomie und Physik begonnen. Was sagt die Physik über das Licht? Das Phänomen ist vertraut, aber erstaunlich. Alle anderen Sinneswahrnehmungen werden uns durch ein selbst wahrnehmbares Medium vermittelt: Tast- und Geschmackswahrnehmung durch Berührung, der Geruch durch Stoffe, die die Luft trägt, das Hören durch Schwingungen der Luft oder eines festen Körpers. Das Licht scheint zunächst keines Mediums zu bedürfen. Wir sehen nicht nur die Bergkulissen am Horizont, sondern wir sehen die Sterne. Zwei Jahre fliegt eine Rakete durch den leeren Raum zum Mars; ich sehe den roten Planeten mit dem bloßen Auge. Fünfhunderttausendmal weiter als Mars ist Sirius entfernt: für uns der hellste Fixstern. Hunderttausendmal weiter als Sirius der Andromedanebel: noch mit dem bloßen Auge wahrnehmbar. Tausendmal weiter als der Andromedanebel die fernsten uns noch beobachtbaren Galaxien.

Alle Träger heutiger astronomischer Beobachtung: sichtbares Licht, Radiowellen, Röntgenstrahlen, sind für den Physiker elektromagnetische Wellen. Das elektromagnetische Feld erfüllt den Raum. Aber wie können seine Wellen auf solche Entfernung scharfe Bilder vermitteln? Man sehe Meereswellen an. Sie wogen bald wirr durcheinander; wie könnten sie mir die Küste des jenseitigen Landes abbilden? Die elektromagnetischen Wellen von verschiedenen Lichtquellen gehen hingegen vollkommen ungestört durcheinander hindurch. Sie superponieren sich gemäß einer *linearen* Wellengleichung. Warum eine lineare Gleichung? Wieder eine Frage für später. Die geradlinige Lichtausbreitung ist mathematisch Folge der Linearität der Gleichung.

Die geradlinige Lichtausbreitung ist die Bedingung der geometrischen Konstruktionen, mit denen wir die Entfernung der Himmelskörper bestimmen. Eratosthenes bestimmte 220 v. Chr. die Größe der Erdkugel durch Schattenmessungen an senkrechten Stäben in Alexandria und Syene (Assuan). Aristarch, etwas früher, berechnete die Entfernung der Sonne durch Messung des Winkels zwischen Sonne und Mond beim ersten oder letzten Viertel; er schloß zutreffend, daß die Sonne größer ist als die Erde und stellte die heliozentrische Hypothese auf, die Kopernikus 1700 Jahre später wieder aufnahm. Fixsternentfernungen mißt man durch die Parallaxe, d. h. durch die weniger als eine Bogensekunde betragende Verschiebung ihres von der Erde aus gesehenen Bildes infolge der jährlichen Bewegung der Erde um die Sonne. Dann klassifiziert man die Sterne nach Typen, die bei gleicher Entfernung von uns gleich hell sind; die verschiedene »scheinbare Helligkeit« zweier Sterne gleichen Typs gestattet dann, ihren verschiedenen Abstand von uns auszurechnen, auch wenn die Parallaxe des ferneren von ihnen schon unmeßbar klein ist. Zuletzt treibt man dasselbe Spiel mit Typen von Galaxien.

Wozu dieses pedantische Referat bekannter Dinge? Das Ziel ist methodologisch. Die quantitativen Resultate der

Astronomie beruhen auf physikalischen Gesetzen, deren universale Gültigkeit wir als Arbeitshypothese postulieren. Die Konsistenz des jeweils erreichten Bildes ermutigt zur Weiterarbeit. Es gibt zuverlässige Prognosen. Die Reisen von Kolumbus und Magellan erzeugten eine politisch-ökonomische Revolution; das dazu nötige theoretische Wissen besaß schon Eratosthenes. Die Landung von Menschen auf dem Mond war eine Sensation fürs Publikum; berechenbar wurde sie in einem von Aristarch eröffneten, von Newton um 1680 vollendeten Weltbild. Die Schärfe der Bilder fernster Galaxien bestätigt, wie genau die Maxwellschen Gleichungen auch dort linear sind. Aber man muß auf Überraschungen gefaßt sein. Zwei optisch ähnliche benachbarte Galaxien sind vielleicht zwei Bilder derselben Galaxie, durch eine Gravitationslinse umgelenkt.

Nun zur *Geschichte* des Kosmos. Wir leben *heute*. Was heißt »heute«? Wann ist heute?

Wir geraten mit dieser Frage in eine Schwierigkeit, die es beim »hier« nicht gibt. Wann immer ich frage: »Wann ist heute?«, wird die Antwort sein: Heute ist eben jetzt. Das »hier« kann ich willentlich ändern, wenn ich nicht gefangen oder gelähmt bin. Ich gehe auf die Post, ich reise nach Amerika. Das »jetzt« kann ich nicht verlassen. Das vergangene Jetzt kommt nie wieder, auf das zukünftige Jetzt kann ich nur warten. In *Zeit und Wissen* (I, 3.6) werde ich von Einsteins genialem Staunen über das aus der üblichen Auffassung der Physik unerklärliche Phänomen des Jetzt berichten.

Zum Jetzt gehört auch der qualitative Unterschied von Vergangenheit und Zukunft. Die Vergangenheit ist faktisch, subjektiv in der Erinnerung zugänglich, objektiv in Dokumenten. Die Zukunft ist möglich; Dokumente oder Erinnerung von ihr gibt es nicht. Ich werde das Phänomen im Vierten Kapitel, Abschnitt 2, näher besprechen.

Im Augenblick fragen wir noch nicht reflexiv nach der

Struktur der Zeit, sondern gegenständlich nach der Geschichte des Kosmos. Hier kommt der qualitative Unterschied sofort zum Tragen. Von der vergangenen Geschichte der Natur haben wir viele Dokumente; wir können sie einige Schritte weit als Abfolge von Fakten erzählen. Über die zukünftige Geschichte der Natur oder gar des Menschen gibt es, gerade soweit sie für uns interessant wäre, nur Mutmaßungen. Ich kenne mein Geburtsdatum; weiß ich, wann und wie ich sterben werde?

Die erste Erinnerung ist nicht die Erinnerung an einen Anfang. Die Welt war schon erschlossen, darum konnte eine Szene in ihr als Bild aufbewahrt bleiben. Ich war längst in der Obhut der Großmutter; ich wußte, wie man sich auf einen Schlitten setzt und wo die Straße nach Botnang läuft. An meine Geburt erinnere ich mich nicht. Ich glaube, daß ich geboren wurde, denn so kommen Kinder zur Welt. Das Standesamt hat das Datum bestätigt. Die ersten Träger meines Familiennamens, von denen wir heute wissen, scheinen im Spätmittelalter aus dem Elsaß gekommen zu sein. Indem ich so rede, weiß ich schon, wo das Elsaß ist, wann das Spätmittelalter war.

Die Stadtkultur ist nicht viel mehr als 6000 Jahre alt, der Ackerbau gut 10 000 Jahre, die Menschheit wenige Millionen Jahre. Wie datieren wir? Durch wenige Jahrtausende mit lesbaren schriftlichen Dokumenten. Davor mit Gebrauchsgegenständen, davor mit Knochen. Es gibt heute gute Altersbestimmungen mit radioaktivem Kohlenstoff, also durch den Glauben an die Universalität gewisser Gesetze der Atomphysik. In der Geologie datiert man dann mit Ablagerungsschichten und mit Uranmineralien. Es entsteht ein konsistentes Bild. Der Erde geben wir heute ein Alter von 4½ Milliarden Jahren. Nach geologischen Zeugnissen muß die Sonne in dieser Zeitspanne praktisch unverändert gestrahlt haben.

Für diese konstante Strahlung der Sonne besitzen wir eine befriedigende Erklärung. Wir haben eine thermodynamisch und atomphysikalisch fundierte Theorie des inneren Aufbaus der Sonne. Die Sonne besteht aus ionisiertem Gas, mit einem quantitativen Übergewicht der beiden leichtesten Elemente, Wasserstoff und Helium. Der ständigen Ausstrahlung der Sonne liegt ein Temperaturgefälle von innen nach außen zugrunde, mit einer Temperatur von etwa 15 Millionen Grad in der Mittelpunktsregion. Eben bei dieser Temperatur aber beginnen Kernreaktionen abzulaufen, welche Wasserstoff in Helium verwandeln. Die dabei freiwerdende Energie speist die Strahlung, und das Druckgleichgewicht reguliert die Mittelpunktstemperatur automatisch gerade so ein, daß die freigesetzte Energie durch die Transportmechanismen im Sonnenkörper nach außen abgeführt werden kann. Die anfängliche Menge an Wasserstoff reicht aus, um diesen Vorgang für rund 10 Milliarden Jahre aufrechtzuerhalten.

Wir kommen so zu zwei Folgerungen:

1. Die verfügbare nukleare Energie der Sonne hat für das empirisch erschlossene Alter der Erde üppig ausgereicht, um Konstanz der Strahlung zu garantieren.

2. Der Vorgang kann nur von endlicher Dauer sein; er muß einmal begonnen haben und einmal enden. Es gibt hier eine Geschichte der Natur.

Das Ende der konstanten Sonnenstrahlung liegt nach heutigen Schätzungen noch um weitere Jahrmilliarden in der Zukunft. Wir werden uns hier nicht mit Mutmaßungen über eine so ferne Zukunft befassen. Der geologisch datierbare Anfang aber gestattet eine Erklärung.

Es gibt seit langem die »Nebularhypothese«, zuerst klar aufgestellt wohl von Kant (1755). Ein Nebel mit Drehmoment, durch seine Eigengravitation zu einer rotierenden Scheibe zusammengezogen, formierte in seiner Mitte einen Zentralkörper, die Sonne, außen kleinere Körper, die Planeten. Meine eigene Hypothese (1943) folgte diesem Schema. Viele Details sind noch ungewiß, im Prinzip zweifelt man aber wohl nicht mehr an dem Modell. Man beobachtet heute junge, in der Zeitdauer von wenigen Jahrmillionen in Nebeln entstehende Sterne. Man hat eine solide Theorie des Lebenslaufs eines ausgebildeten Sterns. Er lebt um so kürzer, je massiger er ist; denn er »verbrennt« dann seinen Wasserstoff, unter dem höheren Druck seiner Masse und der dadurch höheren Mittelpunktstemperatur, schneller. Das Ende ist ein Kollaps in einen »weißen Zwerg« oder einen »Neutronenstern«.

Als Vorspiel für die notwendige philosophische Reflexion sei hier an die schöpfungstheologische Debatte vom 17. bis zum 19. Jahrhundert erinnert. Johannes Kepler fand (1609–1619) die drei quantitativen morphologischen Gesetze der Planetenbewegung. Als christlicher Neuplatoniker sah er hierin einen Gottesdienst, die Enthüllung der Schöpfungsgedanken Gottes. Die mathematischen Urgestalten, Ideen im Sinne Platons, werden in der christlichen Schöpfungslehre als Gottes schöpferische Gedanken gedeutet. Newton (1687) stellt die Grundgesetze der Mechanik auf, aus denen Keplers Gesetze mathematisch folgen. Spätestens seit Euler (1736) schreibt man die mechanischen Grundgesetze als Differentialgleichungen; die Morphologie schildert dann Lösungen dieser Gleichungen. Die Gesetze der Mechanik galten als evident; man hoffte, sie auf »Druck und Stoß« zurückzuführen, wenngleich Newton wußte, daß er dies nicht geleistet hatte. Zur Erklärung von Keplers Gesetzen schienen nun »Gottes Schöpfungsgedanken« überflüssig; die Mechanik genügte. Newton wußte aber auch, daß er nur das heutige Funktionieren des Planetensystems, nicht aber die Entstehung der »kunstvollen« Gestalt des Systems mechanisch erklärt hatte. Er ließ zu, einen Gott zu postulieren, der das System in dieser Gestalt geschaffen hatte. Dies ist der Gottesbeweis aus den jeweiligen Kenntnislücken der Naturwissenschaft, der wohl immer, oft nach wenigen Jahrzehnten, durch neue Erkenntnisse entkräftet wird. Kant und, an ihn angelehnt, Laplace (1796) boten Modelle für die von Newton für unmöglich gehaltene »mechanische« Entstehung des Systems an. Laplace, von Napoleon nach dem Ort

Gottes in seinem Modell befragt, sagte: »Sire, je n'avais pas besoin de cette hypothèse là.« Kant, hierin Leibnizianer, sagte, höher als ein Gott, der Gesetze gebe und sie durchbrechen müsse, um unsere Welt zu schaffen, sei ein Gott zu bewundern, der Gesetze gebe, denen gemäß diese Welt habe notwendig entstehen müssen.

Das Niveau dieser Debatte war dem philosophischen Problem nicht angemessen; sie war m. E. auf allen beteiligten Seiten unzureichende Theologie. Wir werden später auf die Fragen zurückkommen. Vorerst wieder zur Astronomie.

Mit dem Planetensystem hat die heutige Astrophysik noch spezielle Probleme, weil man zu viele Details kennt und erklären müßte; aber sie hat hier keine Grundsatzprobleme. Die Entstehung von Sonne und Planeten ist kein erster Anfang. Sie geschieht in der längst existierenden Welt, in dem Kosmos, dessen Bild wir gezeichnet haben. In dieser Welt sind schon 10^{20} Sonnen entstanden. Schon die wenigstens 10^9 Galaxien scheinen sich ähnlich aus rotierenden Nebeln gebildet zu haben.

Aber auch diese Welt hat nach allem, was wir heute vermuten können, nur ein endliches Alter. Wir entgehen dem Problem ihres Anfangs nicht. Es gibt dafür zwei Gründe, einen prinzipiellen und einen empirischen. Der empirische Grund hat zur heute beliebten Hypothese des Big Bang, des »Urknalls« geführt. Ob dies streng belegbar oder eher der Schöpfungsmythos des Jahrhunderts der Atombombe ist, mag noch diskutabel sein. Ich gehe daher zuerst auf den prinzipiellen Grund ein.

Der prinzipielle Grund ist der Zweite Hauptsatz der Thermodynamik. Auch hier ist das Problem nicht voll durchsichtig, da wir kein gesichertes Weltmodell besitzen. Aber ein paar Überlegungen sind möglich. Die Entropie, d. h. die Apriori-Wahrscheinlichkeit der makroskopisch definierten Zustände, nimmt für ein abgeschlossenes System im statistischen Mittel zu, bis sie einen Maximalwert erreicht. Dies folgt aus dem qualitativen Unterschied von Vergangenheit und Zukunft, denn Wahrscheinlichkeit, als Quantifizierung von Möglichkeit, ist ein Merkmal der Zukunft. (Dazu *Aufbau der Physik*, Kap. 4.) Für ein endliches abgeschlossenes System ist auch ein Minimalwert der möglichen Entropie definiert; wenn es jetzt noch im Zustand zunehmender Entropie ist, hat es vermutlich vor endlicher Zeit angefangen, als abgeschlossenes System zu existieren. Die Sonne (mit der von ihr ausgesandten Strahlung) ist ein Beispiel. Dasselbe gilt für jedes Modell eines endlichen Kosmos im ganzen.

Man kann dem endlichen Anfang höchstens dann entgehen, wenn man die Welt als unendliches offenes System beschreibt.

Der empirische Grund des Glaubens an einen Anfang ist die Hubblesche Expansion des beobachtbaren Teils der Welt. Diese ist mit dem Zweiten Hauptsatz vereinbar. Sie führt bei linearer Rückextrapolation zu einem Alter der Welt zwischen 10 und 20 Milliarden Jahren. Ich bekenne mich zu einer verbleibenden Skepsis gegenüber den vieldiskutierten Modellen der Frühphasen (»die ersten drei Minuten«). In diesen Modellen nimmt man die universale Gültigkeit der hier und heute gefundenen Naturgesetze auch für die ersten Sekundenbruchteile der Welt an, um dann doch beim Anfang $t = 0$ völlig zu kapitulieren. Es ist überhaupt fraglich, was es bedeuten soll, ein Weltmodell als eine spezielle Lösung von Grundgleichungen anzunehmen, die zur Beschreibung von Vorgängen *in* der Welt erfunden worden sind. Wenn man einen punktuellen Anfang der Welt postuliert, so versagt dort der Begriff der Zeit. Dieser Begriff aber scheint mir Voraussetzung des *Sinns* aller unserer Gesetze und Begriffe zu sein.

Ich neige daher vorerst zu der Vorstellung, daß sich die uns bekannte Welt so wenig an ihre Geburt erinnern kann, wie ich kleines Menschenkind mich an meine Geburt bewußt erinnere. Aber von irgendeiner nachgeburtlichen Phase an häufen sich die »Erinnerungen«, die objektiven

Dokumente. Von dieser Phase an, so scheint mir, kann man Physik auf die Welt anwenden.

Für den Beginn des Rundritts möge diese Abgrenzung gegen das Unbekannte genügen.

2. Geschichte des Lebens

Wir kehren auf den kosmisch winzigen Boden zurück, auf dem wir Leben wahrzunehmen meinen, auf den Boden der Erde.

Hier leben wir. Was heißt »Leben«?

Noch einmal: Wie hat das Kind das Leben wahrgenommen? Und was hat der heranwachsende Wissenschaftler über das Leben gelernt?

Lebt die Großmutter auf der Solitude? Ja, sie wohnt da, wenn sie nicht in Stuttgart ist. »Hier leben« ist hier wohnen. Leben heißt anscheinend einen Ort haben, aber doch auch sich selbst bewegen.

Das Brüderle lebt nicht mehr. Es ist gestorben. Wir haben es begraben. Alle Menschen müssen einmal sterben. Der Tod ist ein unabtrennbarer Teil des Lebens.

Das Wegle freut sich. »Aber hör, ist das Wegle denn lebendig, daß es sich freuen kann?« Der Bub hatte noch nicht die dialektische Gewandtheit des Chuangtse, der zuletzt gesagt hätte: Ich merke die Freude des Wegs an meiner Freude, wenn ich auf ihm gehe.* Man muß nachdenken: Aber wenigstens die Bäume am Weg leben doch, durch deren Blätter das Sonnenlicht fällt.

Freilich, die Bäume bewegen sich nicht. Sie stehen an ihrem Ort. Nur der Wind bewegt ihre Blätter. Aber die Bäume wachsen. Jedes Jahr wachsen ihre Blätter neu. Sie bewegen sich so auch selbst, nur langsamer. Sie laufen nicht herum, wie die Tiere und Menschen; sie wachsen. Sie müs-

* Vgl. Kap. 4.3.

sen auch sterben. Und woher soll ich wissen, daß sie sich nicht freuen, wenn sie wachsen?

Aber die Steine bewegen sich nicht selbst. Sie liegen nur herum. Das ist der Unterschied, den man dann aus populären Büchern lernt: Die Steine sind unbelebt. Man sollte aber nicht sagen, sie seien tot. Tot sein kann eigentlich nur etwas, das gelebt hat. Was sind das nun für Begriffsunterscheidungen? »Tot« und »unbelebt«?

Unlängst habe ich eine kluge alte Frau kennengelernt. Sie erzählte mir, daß sie Medizin studierte, aber daß sie das Schneiden am fühlenden Wesen im Tierversuch seelisch nicht ertrug. Sie wechselte über die Straße ins Institut für Mineralogie. Denn die Steine wachsen ja auch, nur viel langsamer. Wie entsteht die wunderbare Form eines Kristalls? Sie wurde Spezialistin für Juwelen. Und sie hat später psychosomatische Ausdrucksformen in den Malereien von Kranken lesen gelernt. Wie hängt all dies zusammen?

Was sagt die heutige Wissenschaft über das Leben und seine Geschichte? Ich erlaube mir hier knapp zu skizzieren, wie ich mir selbst diese Fragen im Rahmen der Naturwissenschaft zurechtgelegt habe.

Beschreiben wir die Phänomene, so handelt es sich um drei Fragenkreise:

A. Das Wachstum von Gestalten

B. Die Evolution des organischen Lebens

C. Leib und Seele.

Grundsätzlich stellt sich dabei die Frage, ob oder wie weit diese Phänomene von der heutigen Naturwissenschaft, mit den Begriffen ihrer Zentraldisziplin, der theoretischen Physik, adäquat beschrieben werden können. Die Antwort auf die Grundsatzfrage, zu der ich – gegen die ursprüngliche Erwartung meiner physikalischen Lehrer Bohr und Heisenberg und gegen die Vermutungen philosophischer Gesprächspartner – schon zur Zeit der Abfassung der *Geschichte der Natur* gekommen bin, ist: Es scheint nicht nötig zu sein, daß wir andere Grundgesetze einführen als die der theoretischen Physik, so wie sie heute in der Quantentheorie gelten. Das philosophische Problem, was mit dieser Antwort gesagt sei, wird uns im Vierten und Fünften Kapitel beschäftigen und wird den Übergang in die philosophisch-theologischen Schlußkapitel vorbereiten. Im jetzigen Abschnitt soll nur die Struktur der in diesem »Physikalismus« benützten Argumente sichtbar werden. Ich erzähle die Geschichte des Lebens mit Vokabeln, die dieser Begrifflichkeit angepaßt sind.

A. Das Wachstum von Gestalten. Die Erfahrung lehrt uns die Entstehung von immer mehr, immer neuen und immer differenzierteren Gestalten als einen allgemeinen Zug des Geschehens kennen. Schon die Entstehung der Galaxien, der Sterne, des Planetensystems war ein Beispiel. Das spontane Wachstum von Kristallen ist ein mineralogisches Beispiel auf unserer Erde. Die Evolution des organischen Lebens ist der vielleicht großartigste Fall solchen langfristig fortdauernden Gestaltwachstums. Schließlich konfrontiert uns die Geschichte der menschlichen Kultur nochmals mit dieser ständig zunehmenden Differenzierung und Vermehrung von Gestalten. In einem Buch ein erlaubtes Beispiel: die Vermehrung der Neuerscheinungen von Buchmesse zu Buchmesse. 1770 etwa 300 Bände, 1990 etwa 90 000 Bände. Natürlich kann eine weltgeschichtliche Katastrophe, ja eine bloße Wirtschaftskrise dieses spezielle Wachstum beenden; jedes spezielle Wachstum ist, integral betrachtet, nur *eine* Gestalt unter vielen anderen; aber sein Ende ist nicht das Ende der allgemeinen Tendenz zum Gestaltwachstum.

Es ist sehr wichtig zu sehen: Gestaltwachstum ist kein Spezifikum des organischen Lebens. In der Geschichte der Wissenschaft ist immer wieder das Staunen über das Entstehen von Gestalten aufgetreten. Man meinte, die allgemeinen Naturgesetze könnten diesen gestaltschöpferischen Vorgang nicht erklären. So griff man nach Newton zu dem abwegigen

Gottesbeweis aus der scheinbar mechanisch unerklärlichen Entstehung des Planetensystems. So meinte man jahrhundertelang, das organische Leben, im Gegensatz zur physikalischen Kausalität, nur durch finale Prinzipien erklären zu können; noch heute wehren sich intelligente Forscher gegen physikalistischen »Reduktionismus« in der Biologie, ja z. T. schon in der Chemie. So meinte man, die menschliche Geschichte als ein Werk des sehenden Bewußtseins radikal vom »blinden« Naturgeschehen unterscheiden zu können. Es ist ein zentraler Gedanke der hier vorgelegten Darstellung, daß all dies »Maginotlinien« sind, d. h. von vorneherein zum Scheitern verurteilte regionale Defensivpositionen. Die Unterschiede betreffen nicht das Prinzip, sie bezeichnen nur neue Stufen der Gestaltwerdung, neue Integralgestalten. Sterne entstehen nach stets demselben Gesetz in stets derselben Gestalt; analog entstehen Kristalle. Das organische Leben aber bildet sich durch eine neue »Gestalt des Geschehens überhaupt«, die selbst auf der Basis chemischer Prozesse entstanden ist: durch die Speicherung entstandener Gestalt, die dann zum Ausgangspunkt des Werdens differenzierterer, integralerer Gestalten wird. Und die Vielgestalt der menschlichen Geschichte wird möglich durch wieder eine neue Gestalt des Geschehens überhaupt: die Speicherung entstandener Gestalt nicht in Molekülstrukturen, sondern in lehrbaren Verhaltensmustern, in der Sprache, kurz gesagt, im Bewußtsein. Was wird noch folgen?

Es kommt also darauf an, zu verstehen, daß – und falls erkennbar, warum – Gestaltentstehung eine Grundstruktur des Geschehens ist. Dies ist bereits mit ausgesagt in der Erklärung der Modi der Zeit: das Vergangene ist faktisch, das Zukünftige ist möglich. »Faktisch« und »möglich« sind hier terminologisch eingeführte Vokabeln, die näherer Analyse bedürfen. Da es sich um fundamentale Begriffe handelt (wenigstens auf der Erkenntnisstufe, die ich, wenn ich recht sehe, zu erreichen vermocht habe), können sie heute nicht durch ausdrückliche Definition auf noch fundamentalere

Begriffe zurückgeführt werden. Sie lassen sich am besten in der Anwendung erläutern: durch die Begriffsgestalten, die sich mit ihrer Hilfe bilden lassen. Georg Picht* hat sie so präzisiert:

1. Das Vergangene vergeht nicht.
2. Die Menge der Möglichkeiten wächst.

Zur Erläuterung: Gegenwärtige Möglichkeiten sind stets in gegenwärtigen Fakten fundiert (Entstehung eines Sterns ist möglich durch die faktische Existenz eines Gasnebels; Entstehung eines Kristalls durch die faktische Existenz eines Schmelzflusses; Entstehung vielzelliger Lebewesen durch die faktische Existenz von Einzellern; etc.) Wenn nun das Vergangene nicht vergeht, sondern in den gegenwärtigen Fakten »aufbewahrt« ist, so wächst die Menge der Fakten und damit die Menge der jeweils gegenwärtigen fundierten Möglichkeiten. Wenn aber die Menge der Möglichkeiten wächst, so ist Entstehung neuer Gestalten zu erwarten.

Wenn man diese eigentlich einfachen Gedanken einem Physiker zu erklären sucht, so stößt man meist auf spontanen, also tief wurzelnden Unglauben. »Du hast beschrieben, was passiert. Du hast es aber nicht aus den Gesetzen der Physik erklärt. Woher soll denn diese Asymmetrie der Zeit kommen? Die Grundgleichungen der Physik sind symmetrisch unter einer Vorzeichenumkehr der Zeit!«

Hierauf gibt es zwei hintereinander geschaltete Antworten, eine deskriptive und eine analytische.

Die deskriptive Antwort: Die sogenannte Asymmetrie der Zeit liegt nicht in den Differentialgleichungen der Physik, sondern in der Auswahl, die wir aus ihren möglichen Lösungen treffen. Wir charakterisieren diese Lösungen meist durch »Anfangsbedingungen« und fragen, wie sich der als Anfang angenommene Zustand in der Zeit, die damals Zukunft war, entwickeln mußte. Diese Anfangsbedingungen

* 1958; vgl. *Der Garten des Menschlichen,* II, 7, Mitwahrnehmung der Zeit.

sind meist relativ einfach, speziell, gestaltenarm; thermodynamisch gesagt haben sie niedrige Entropie. Aus solchen einfach aussehenden Zuständen entstehen gemäß nichtlinearen Differentialgleichungen immer kompliziertere Gestalten: Gestaltenfülle ist das thermodynamisch Wahrscheinliche.* Der Kantsche Nebel ist, soweit wir ihn beschreiben können, gestaltenärmer als das Planetensystem; die präorganische chemische »Ursuppe« auf der Erde ist gestaltenärmer als das aus ihr entstehende organische Leben.

Die analytische Antwort: In der Deskription haben wir gesehen, daß die Differentialgleichung einer Theorie nicht alles ist, was wir über die von der Theorie beschriebene Wirklichkeit wissen. Wir wenden die Differentialgleichungen an im Rahmen eines Verständnisses von Geschehen, mit dem wir seit der frühen Kindheit aufgewachsen sind. Wir wissen vorweg, daß etwas schon Geschehenes etwas anderes ist als das, was noch kommen könnte. Wir handhaben mühelos die Sprache, die von »jetzt« spricht, von dem, was nicht mehr zu ändern ist, von dem, was wir tun müssen. Unter anderem um vorweg hieran zu erinnern, habe ich das Buch mit Erzählungen aus meiner Kindheit begonnen. Die Erschlossenheit von Zeit ist ursprünglicher als die Differentialgleichungen der Physik; sie ist nötig, um dieser Mathematik überhaupt einen Sinn in der Wirklichkeit, eine »physikalische Semantik« zu geben.

Die analytische Antwort geht aber noch weiter: Die mathematischen Gesetze der Physik sind, logisch gesagt, universale Urteile; sie sollen immer und überall gelten. Es dürfte evident sein, daß sie schon deshalb nicht das spezielle Jetzt charakterisieren können. Ein systematischer Aufbau der Physik kann nicht mit mathematischen Strukturen beginnen und aus ihnen die spezielle geschichtliche Realität ableiten. Er kann versuchen, mit der Struktur der geschichtlichen Zeit zu beginnen, und aus ihr die mathematischen

* Dazu speziell *Aufbau der Physik*, Kap. 5.

Gesetze zu begründen. Im Fünften Kapitel kommen wir hierauf zurück.

Auf einen besonderen Zug alles Geschehens, zumal aber des Gestaltwachstums sei noch hingewiesen: die Abwechslung von *Ebenen* und *Krisen.** Kosmisches Gas mag Jahrmilliarden turbulent gewogt haben; eine »zufällige« Verdichtung läßt in einem Tausendstel dieser Zeit Sterne entstehen. Ein massiver Stern mag Hunderte von Jahrmillionen gestrahlt haben; in einem Tag bricht er als Supernova zusammen. Einzeller gibt es seit Jahrmilliarden; die »Fulguration« (K. Lorenz) der Zusammenfügung zu einer größeren Gesamtgestalt, dem Vielzeller, gibt der Evolution einen rascheren Schritt. Eine wissenschaftliche Theorie herrscht Jahrhunderte lang; eine »wissenschaftliche Revolution« (Th. Kuhn) ersetzt sie durch eine neue, umfassendere (Heisenberg).

Mit den Begriffen, die einer speziellen Ebene angepaßt sind, kann man im allgemeinen weder die kommende Krise noch gar die ihr folgende neue Ebene beschreiben. »Reduktionismus« im kritisierbaren Sinne ist das Fehlen des Verständnisses für diesen Begriffswandel. Freilich ist die Kritik an solchem Reduktionismus oft nicht selbstkritisch genug. Z. B. kritisiert man den Gedanken des »Menschen als Maschine« (La Mettrie) als Reduktion des Menschen auf die mechanische Natur. Aber daß die Natur selbst eine »Maschine« sei, ist erstens bereits die verengte Sichtweise einer frühen Ebene der neuzeitlichen Physik, des »mechanischen Weltbildes«. Es ist keineswegs gezeigt, daß die Gesetze der *heutigen* Physik nicht ausreichen, um Lebensvorgänge zu beschreiben, soweit dafür allgemeine Gesetze zugrunde zu legen sind; d. h. daß das Leben nicht eine historisch bedingte, unsere mathematischen Fähigkeiten freilich überfordernde, »Lösung« dieser Gleichungen ist. Zweitens ist der Begriff »Maschine« selbst ein spezifisch menschlicher, erst in

* Vgl. *Der Garten des Menschlichen*, I, 3.4; *Bewußtseinswandel*, II, 2 A.

der Zivilisation entstandener und nur in ihr sinnvoller Begriff. Die Natur und dann damit den Menschen als Maschine zu denken, unterwirft die Natur und damit den Menschen einer spezifisch industriellen Denkweise der Planbarkeit. Nicht die Reduktion des Menschen auf die Natur ist hier der Fehler, sondern die Reduktion der Natur auf die Struktureigenschaften eines sehr speziellen Menschenwerks.

Es bleibt die Frage, ob wir eine Theorie besitzen, welche das Phänomen des Wechsels zwischen Ebenen und Krisen erklären könnte. Soweit unsere Mathematik bisher reicht, liefert die Theorie nichtlinearer Differentialgleichungen einen Beitrag.

*B. Die Evolution des organischen Lebens.** Methodisch sei hier zuerst an die doppelte, gegenseitige Spiegelung im Titel »Zeit und Wissen« erinnert. Unser Wissen von der Zeit ist ein Wissen, das sich in der Zeit, als Kind der Zeit, entfaltet. Wissen ist selbst eine Gestalt, die in der Zeit zu wachsen tendiert. Es ist daher sinnvoll, auch auf die Entstehung der Evolutionstheorie in der Geschichte der Biologie einen Blick zu werfen.

Als Stammvater der empirisch-wissenschaftlichen Biologie dürfen wir vielleicht Aristoteles bezeichnen. Empirie ist nicht möglich ohne Begriffe; Begriffe wachsen nicht ohne Empirie. Der wichtigste Begriff, den die Biologie der Philosophie des Aristoteles verdankt, ist der Begriff der Spezies. *Species* bedeutet im Lateinischen den Anblick, das Aussehen (mit *specio*, *specto* verwandt). *Species* ist die lateinische Übersetzung des griechischen *eidos*, was mit griechisch *eido*, lateinisch *video*, also wiederum »Sehen« verwandt, ebenfalls Anblick oder Aussehen bedeutet. Platon verwendet systematisch das Wort *idea*, das vom selben Stamm kommt. Für das von Platon hier gesehene Phänomen gebrauche ich im jetzi-

* Vgl. *Der Garten des Menschlichen*, I, 9. a, erster Abschnitt: Woher kommt der Tod?

gen Buch, zunächst ohne terminologische Präzisierung, das deutsche Wort Gestalt. Gestalt ist zunächst, was man sehen oder allenfalls tasten kann. Was wir Menschen von einer Idee, einer Gestalt aussagen können, ist ein *logos*; deutsch sagen wir dafür, mit der Tast-Assoziation, Be-griff. Dann wäre also in der aristotelischen Biologie eine Spezies von Lebewesen zunächst die »spezifische« Gestalt, die man mit einem Begriff bezeichnen kann; logisch gesagt eine Klasse von Lebewesen. Ich gehe jetzt nicht auf die biologischen Begriffshierarchien ein, also die nähere Unterscheidung von Spezies, Genus usw. Unser Thema ist das Verhältnis der Spezies zur Zeit – eben die Evolution.

Das wichtigste wissenschaftliche Paradigma ist bei Platon die Mathematik, bei Aristoteles die Biologie. Im gängigen Verständnis der platonischen Ideenlehre ist die Idee überzeitlich, so wie man die Strukturen der Mathematik zu denken pflegt. Auf Platons Philosophie des Abstiegs, d.h. der Bewegung, können wir hier noch nicht eingehen. Aristoteles sieht das Eidos oder die Form (*morphē*) im *synholon*, im konkreten Ding, dessen Form das Eidos ist. Für ihn stellt sich dann in der Biologie die Frage, wie die Spezies, also die Form des Baums, des Tiers, des Menschen zeitüberdauernd sein kann, da Bäume, Tiere, Menschen wachsen und sterben. Die Antwort ist die Verknüpfung der Spezies mit der Abstammung, also der biologisch präzise Spezies-Begriff: *»anthropos gar anthropon gennā«*, ein Mensch nämlich bringt einen Menschen hervor. Die Spezies ist überzeitlich, weil sie ein erbliches Merkmal einer nicht beginnenden und nicht endenden Reihe von Nachkommen ist. (Daß Aristoteles für niedrige Lebewesen auch »Urzeugung«, also direkte Entstehung aus den Naturstoffen wie Erde, Wasser, Schlamm zuließ, wie wir sie für Gesteine ohnehin kennen, war die Anerkennung des Empirikers für glaubwürdig berichtete Tatsachen; aber für hochdifferenzierte Wesen wäre ihm diese direkte Entstehung unverständlich.)

Aristoteles hat damit die erste Hälfte der Abstammungslehre, die Konstanz der Arten, die Entstehung von Gleichem aus Gleichem, als Phänomen konstatiert; also das Phänomen, das die DNS-Theorie unseres Jahrhunderts zunächst zu erklären hatte. Die zweite Hälfte, die Lehre vom Artenwandel, ging aus empirischen Befunden des 18. Jahrhunderts hervor. Im Anfang des 19. Jahrhunderts führte sie zur Hypothese der allumfassenden Abstammung aller Lebewesen aus einem geschichtlichen Ursprung, und dann, bei Darwin, zum Versuch einer kausalen Erklärung dieser Evolution durch Variation und Selektion. Unser Jahrhundert hat, an Mendel anknüpfend, die molekularbiologischen Modelle auch hierfür entworfen.

Meine Aufgabe ist nicht, das heutige Bild vom realen Ablauf dieser Evolution nachzuerzählen. Ich diskutiere nur die drei empirischen Prinzipien, die die Evolutionstheorie zu erklären hat, nämlich

a. die Erhaltung der Arten,
b. die Evolution der Arten,
c. die Erhaltung der Individuen,

und zwar in dieser systematisch gebotenen Reihenfolge.

a. Die Erhaltung der Arten ist eben das Phänomen, das Aristoteles beschrieben hat. Eine biologische Art (Spezies) ist eine Klasse von im wesentlichen gleichartigen Individuen, die voneinander abstammen. Klassen wesentlich gleichartiger Individuen gibt es auch sonst in der Natur: die rund 10^{20} Sterne des bekannten Universums, die vielen einander strukturell gleichenden Bergkristalle, die immer wieder fallenden Regentropfen oder Schneeflocken. Daß aber ein Individuum ein ihm gleichartiges hervorbringt, ist die eigentliche »Erfindung der Natur«, die das organische Leben konstituiert. »Organon« heißt Werkzeug; »organisch« nennt man das Leben, weil es »Werkzeuge« hat, unter denen die der Selbstvermehrung die fürs Leben konstitutiven sind. Ernährung, Verteidigung, Bewegung sind spezifische organische Leistungen. Die einfachsten zur Selbstreplikation fähigen Moleküle bedürfen dieser Leistungen noch nicht. Die Theorie der Entstehung des Lebens ist darum die Theorie der Entstehung der Selbstreplikation.

b. Die Evolution der Arten ist eine natürliche Konsequenz. Wenn selbstreplizierende Moleküle durch chemische Prozesse entstehen konnten, so konnten sie sich auch durch chemische Prozesse weiterverändern (»mutieren«). Das Entscheidende ist, die Replikationsfähigkeit dabei in solcher Weise zu bewahren, daß nunmehr die veränderte Form repliziert, also nicht die ursprüngliche Form wieder hergestellt wird. Hierzu mußte ein genetischer Code entstehen. Die weitere Evolution geschieht dann, nach der herrschenden Doktrin, durch Mutation und Selektion. Die in der Selektion wirksamen Faktoren sind vielgestaltig. Rasche Vermehrung wird ein Faktor sein, die Entwicklung höherer Organe, die z. B. der Erhaltung der Individuen aktiv dienen, ein anderer; die Entstehung von Artenvielfalt wird durch räumliche Isolation begünstigt, und sie umgekehrt schafft, gemäß der Grundfigur des Gestaltenwachstums, die Vielfalt von Fakten, von real vorkommenden Gestalten, in denen die Vielfalt neuer Möglichkeiten fundiert ist.

Der obige Einschub, »nach der herrschenden Doktrin«, soll nur besagen, daß keine strikten Beweise dafür vorliegen, daß diese Faktoren zur Erklärung der Evolution genügen. Bei der Komplikation des Vorgangs sind solche Beweise wohl kaum zu führen. Ich möchte aber ausdrücklich sagen, daß ich persönlich bis auf weiteres kein Bedürfnis fühle, über diese Erklärungsprinzipien hinauszugehen. Es erscheint mir als ein gesundes Prinzip in der Wissenschaft, sich mit einfachen und durchschaubaren Erklärungsprinzipien zu begnügen, solange die Hoffnung auf ihren Erfolg nicht in einsichtiger Weise »falsifiziert«, also wenigstens als höchst unwahrscheinlich erkannt ist. Seit ich im Kontakt mit guten Biologen in Dahlem während des Zweiten Weltkriegs, vor der Abfassung der *Geschichte der Natur*, die Selektionstheorie verstehen gelernt hatte, habe ich keinen Falsifikationsversuch gegen diese Theorie kennengelernt, der mir Eindruck gemacht hätte.

Kritisch ist freilich zu allen selektionstheoretischen Überlegungen zu sagen, daß sie die »zufälligen« Ereignisse statistisch, also begrifflich als voneinander unabhängig behandeln. Der »Holismus« der Quantentheorie (Fünftes Kapitel, 3) beschreibt aber diese Unabhängigkeit der Ereignisse als bloße Näherung. Wir werden in der philosophischen Reflexion hierauf zurückkommen müssen. Wie würde sich die »zufällige« Evolution für einen wissenden Weltgeist darstellen?

c. *Die Erhaltung der Individuen* ist eine sekundäre Leistung der Evolution und gewiß nicht ihr Ziel. Ein replikationsfähiges Molekül wird primär keine Organe zur Selbsterhaltung besitzen. Es wird, einmal entstanden, so lange bestehen, bis irgendwelche Reaktionen mit der Umwelt es wieder zerstören. Aber wenn die Komplikation eines Lebewesens groß genug ist, um Organe und Verhaltensweisen der Selbsterhaltung zu ermöglichen, so werden diese Organe und Verhaltensweisen sich durchsetzen, wenn sie entstanden sind.

Hierbei ist eine Nuance zu beachten, die ich in meinen älteren Darstellungen nicht gekannt und folglich nicht erwähnt habe. Es ist längst bekannt, daß mit der Komplikation des Erbguts der Artbegriff unscharf werden kann. Jede Art enthält nun eine Fülle verschiedener Mutanten. Bei Tieren hat man diejenigen Mutanten zur selben Art gerechnet, die miteinander noch fortpflanzungsfähige Nachkommen erzeugen; die Grenze kann aber geographisch fließend werden und bei Pflanzen überhaupt unzureichend definierbar sein. Innerhalb einer Spezies bilden sich Rassen. Die Abgrenzung wird z. T. mehr durch angeborene Verhaltensnormen als durch Fortpflanzungsfähigkeit bestimmt. Hier hat nun die neuere Sozio-Biologie als bestimmend für freundliches oder feindseliges Verhalten die »Blutsverwandtschaft« hervorgehoben. Dies wirkt wie ein selektives Verhalten zugunsten eines gemeinsamen »egoistischen Gens«. Diese Resultate haben eine moralische Kontroverse hervorgerufen. Man vergleicht, seit der alten Tierfabel und neu unter dem Einfluß der Verhaltensforschung, gerne das »moral-analoge« Verhalten von Tieren zum Artgenossen mit moralischen Forderungen von Menschen an Menschen. Dann ist das Verhalten gemäß dem egoistischen Gen dem menschlichen »Rassismus« analog. Wenn wir aber auf den Menschen zu sprechen kommen, müssen wir uns klarmachen, daß weder die tierischen noch die menschlichen instinktiven Antriebe stets mit den moralischen Forderungen übereinstimmen, die wir an uns stellen müssen. Vermutlich hätte die Menschheit sonst die prohibitive Moral* nie erfunden. Die Richtigkeit der Behauptungen der Sozio-Biologie ist empirisch zu beurteilen, nicht a priori moralisch zu verwerfen.

Das Individuum, das sich durch sein Verhalten selbst verteidigt, das in soziale Beziehungen zu anderen Individuen treten kann, ist so selbst erst eine »Erfindung der Evolution«. Das Leben ist früher als das Du und als das Ich. Und erst für ein Individuum, dem es um seine Selbsterhaltung geht, ist sein eigenes Ende ein »Ereignis«. Auch der Tod ist so eine »Erfindung des Lebens«. Wir verstehen hier auch strukturell den Wesensunterschied zwischen dem unbelebten Stein und dem toten Kind.

Der Selektionsvorteil, den die Selbsterhaltung des Individuums der Spezies bietet, hat auch seine Grenzen. Individuen, die sich selbst erhalten, können Brutpflege üben, verletzliche Kinder schützen und großziehen. Aber wenn die Kinder erwachsen sind, beginnt der Lebensraum knapper zu werden. Die Eltern müssen rechtzeitig sterben. Dies ist genetisch vorprogrammiert; wir nennen den vorbereitenden Prozeß das Altern. Es ist keineswegs a priori physiologisch evident, daß ein Individuum in wenigen Jahrzehnten altern

* *Wahrnehmung der Neuzeit:* Begriffe: Moral und Politik; S. 390.

muß; wie wäre sonst der Unterschied der charakteristischen Lebensdauern der Eintagsfliege und des Elefanten, der Primel und des Wellingtonia-Baumes zu erklären? Unsterbliche Individuen wären vielleicht möglich. Aber rasches Ausprobieren vieler Mutanten bedeutet einen Selektionsvorteil für eine Art – sie kann sich schneller weiterentwickeln. (Vgl. *Geschichte der Natur.*)

Das Leben ist nicht erfunden, um das Glück der Individuen zu garantieren.

C. Leib und Seele. Was hat das Leben mit dem Glück zu tun?

So, wie wir uns selbst als Lebende kennen, ist das Leben voll von Freude und Schmerz, von Wollen und Wissen. So wie ich soeben die Evolution des Lebens geschildert habe, geht sie von Molekülen, gemäß den Gesetzen der Physik und Chemie, durch Zufall und Überleben bis zu den höchstdifferenzierten Formen. Sie würde zunächst um nichts anders aussehen, wenn alle Lebewesen, bis zu den höchstentwickelten Tieren, so wie Descartes behauptet hat, bloße Automaten wären, ohne Empfindung, Willen und Bewußtsein. Nur der Mensch wäre dann – gemäß Descartes – zusätzlich zu dem Automaten seines Körpers mit Bewußtsein begabt.

Man wird niemanden finden, der diese These von Descartes ernstlich glaubt. Wie sonst aber sollen wir das Verhältnis von »Materie« und »Bewußtsein« denken? Hierfür mag eine kleine Reflexion darüber nützlich sein, wie Descartes selbst auf seine These geführt wurde.* Er fragt, was wir zuverlässig wissen können, und findet zwei Formen solchen Wissens: die Selbstkenntnis des Bewußtseins und die Mathematik, die er vor allem als Geometrie kennt. Als Gegenstände dieser Wissensformen postuliert er zwei völlig verschiedene Sub-

* Vgl. *Tragweite der Wissenschaft,* Anhang: »Descartes u. d. Naturwissenschaft der Neuzeit«. Ferner in *Zeit und Wissen,* I, 9: »Ausdehnung und Denken« und »Wie wurde Descartes zum Cartesianer?«

stanzen: die denkende Substanz, das Bewußtsein, und die ausgedehnte Substanz, die Materie. Was ihn faktisch interessiert, ist die unerschütterliche Begründung der mathematischen Naturwissenschaft, als Lehre von der ausgedehnten Substanz. Er kennzeichnet damit das methodische Problem, vor dem wir auch in der jetzigen Überlegung stehen. Ich kenne mich selbst als bewußt, als denkend, wollend, leidend. Für die Theorie der lebenden Wesen aber mache ich Gebrauch vom akkumulierten Wissen der heutigen Physik, welche Atome, Moleküle und Organismen als Gegenstände mathematischer Prognosen beschreibt, ohne zu fragen, ob und wie diese sich selbst kennen und erleben. Was unser Wissen hierüber von demjenigen unterscheidet, das Descartes vor nun 350 Jahren besaß, ist der phantastische Erfolg unserer Wissenschaft. Wir stehen verschärft vor dem Problem Descartes'.

Aber niemand kann seine Lösung, die Tiere seien empfindungslose Automaten, ernstlich glauben; vermutlich konnten es schon seine Zeitgenossen nicht. Niemand, der wirklich mit Haustieren lebt, wird sich der Erfahrung des seelischen Kontakts mit ihnen entziehen können. Mit welchem Recht spreche ich dem menschlichen Partner das Empfinden zu, das ich dem kontaktfähigen Tier absprechen soll? Dazu kommt heute die Kenntnis der Abstammungslehre: auf welcher Stufe der Evolution soll der Automat mit Empfindung begabt worden sein? Wenn die Grenze zwischen Mensch und Affen nicht scharf genug ist, so ist keine andere schärfer. Auch nicht die Grenze zwischen belebter und unbelebter Materie, sofern die Entstehung replikationsfähiger Moleküle chemisch beschrieben werden kann. Aber wie verhalten sich dann Ausgedehntheit und Empfindung zueinander?

Das Dilemma trägt den traditionellen Namen des »Leib-Seele-Problems«. Ich halte das Problem für überflüssig und darum für unlösbar, solange es als die Frage nach der Beziehung zwischen zwei Substanzen formuliert wird. Ich werde darauf im Vierten und Fünften Kapitel eingehen.

Für den Augenblick möge die programmatische Erklärung genügen, daß wir den Gegenstand der Physik selbst als »potentialiter bewußt« ansehen wollen. (Viertes Kapitel, Ende des Abschnitts 3: Evolution.)

Es stellt sich dann die Frage, wie »das Bewußtsein im Laufe der Evolution aus dem Meer des Lebendigen auftaucht«. Wir können hier eine Strukturanalogie von naturwissenschaftlich beschriebenem Leben und introspektiv beschriebenem Bewußtsein feststellen. K. Lorenz spricht von der »Erkenntnisförmigkeit« der Evolution, ja des Lebens.* Leben und Evolution ebenso wie Erkenntnis können formal als Informationsgewinn beschrieben werden. Information aber ist ein Maß der Menge von Gestalt.** Der Informationsgewinn ist ein Beispiel der Grundtatsache des Gestaltwachstums. Wenn wir freilich einen derart »monistischen« Ansatz versuchen, so werden wir uns im richtigen Augenblick auch die Frage stellen müssen, woher das Bedürfnis nach einer dualistischen Beschreibungsweise entstanden ist (Siebtes Kapitel, 7).

All dies werden wir erst diskutieren können, wenn wir thematisch vom Menschen sprechen.

* Vgl. *Der Garten des Menschlichen*, II: Zur Biologie des Subjekts, Abschnitt 2: Die Rückseite des Spiegels, gespiegelt.

** *Aufbau der Physik*, 5.2: Was ist Information?, S. 167.

Drittes Kapitel
Woher kommen wir?

Wer sind wir?

Mit dieser erneuten Frage suchen wir wieder eine Öffnung des Blicks. *Wir*, das meint jetzt: *Wir Menschen*. Wissen wir, wer wir sind? Wissen wir, woher wir kommen, wohin wir gehen?

Woher kommen wir? Wie ist uns unsere Vergangenheit gegenwärtig? Wie ist unsere Gegenwart durch unsere Herkunft geprägt?

Nach dem vorangehenden Kapitel liegt die Antwort nahe: Wir Menschen sind Kinder der Natur. Wir kommen aus der Evolution. Aber auch davor haben wir mit einer Öffnung des Blicks begonnen, die fragte, was einem bestimmten Menschen, hier dem Verfasser dieses Buchs, von seiner eigenen Vergangenheit gegenwärtig ist. Diese Präsenz des Vergangenen erlaubt erst, die Fragen zu stellen, auf welche die Geschichte der Natur eine spezielle Antwort anbietet, eine Antwort, die wir erst noch zu verstehen suchen durch die Frage, die wir soeben stellen. Denn »Geschichte der Natur«, wie wir sie beschrieben haben, ist eben das, was Menschen des späten 20. Jahrhunderts christlicher Zeitrechnung von der Geschichte der Natur allenfalls wissen. Jetzt aber fragen wir nach den Menschen, die so etwas wissen können. Wie kennen sie sich selbst direkt, noch nicht vermittelt durch spät in ihrer eigenen Geschichte entstandene Wissenschaft?

Wenn wir zu *sagen* suchen, wer wir sind und woher wir kommen, so bedienen wir uns der *Sprache*. Sprache ist Träger des menschlichen Kontakts in der Gesellschaft. Sie ist geprägt durch Tradition. Ihre Begriffe und Redeweisen entstammen der Geschichte einer Kultur. Was ist in der Sprache, in der wir soeben unsere Fragen zu beantworten suchen, von unserer eigenen Herkunft gegenwärtig? Dies sehen zu lernen, wäre die jetzt nötige Öffnung des Blicks.

Wie vorher nach der präsenten Vergangenheit eines bestimmten Menschen fragen wir damit zunächst nach der präsenten Vergangenheit einer bestimmten Kultur: unserer eigenen, in welcher der Gedanke entstehen konnte, ein Buch wie dieses hier zu schreiben. Wie kennt die abendländische Kultur selbst ihre Herkunft?

Wir können in ihr vielleicht vier Komponenten unterscheiden: die jüdisch-christliche Religion, die griechische Kultur, die römische Staatlichkeit, die nichtrastende Bewegung der Neuzeit. Natürlich können wir soeben nur wenige Dokumente dieser Komponenten in Erinnerung rufen. Es erscheint sinnvoll, mit einer Kette zusammenhängender Texte zu beginnen. Das klassische Buch des Abendlandes ist die Bibel. Wir erinnern an Texte aus dem Alten Testament. Es sei erlaubt, die Positionen zu numerieren, weil wir später auf sie Bezug nehmen wollen.

Erzählung

1. Am Anfang schuf Gott Himmel und Erde. Die Erde war wüste und leer, und der Geist Gottes schwebte über den Wassern. – Gott also ist im Anfang, vor Welt und Mensch.

2. Gott schuf Tag und Nacht, Erde und Meer, die Lichter am Himmel, und die Pflanzen und Tiere, jedes nach seiner Art.

3. Gott schuf den Menschen nach seinem Bilde, zum Bilde Gottes schuf er ihn; und schuf sie als Mann und Weib. Er sprach: Seid fruchtbar und mehret euch, und macht euch die Erde untertan.

4. Gott setzte die Menschen in einen blühenden Garten.

5. Adam und Eva essen von der verbotenen Frucht. Die Schlange, das klügste Tier, sagte ihnen: »Wenn ihr davon esset, werdet ihr wissen, was gut und böse ist.« Sie tun das

Verbotene, das Böse, und damit wissen sie, was gut und böse ist.

6. Sie erkennen, daß sie nackt sind, und machen sich Schürzen. – Die Natur muß verhüllt werden.

7. Gott vertreibt sie aus dem Garten. Im Schweiße seines Angesichts soll der Mann den Boden bebauen. Mit Schmerzen soll die Frau ihre Kinder gebären. – So beginnt die menschliche Geschichte.

8. Ihre ersten Söhne: der Ackerbauer Kain erschlägt den Nomaden Abel. – Brudermord die erste Tat der menschlichen Geschichte. Der Ackerbauer ist der Täter.

9. Der Brudermörder Kain gründet die erste Stadt. Kains Nachkommen – nicht die von Adams legitimem Erben Seth – erfinden Viehzucht, Musik und Metallbearbeitung.

10. Die Söhne Gottes lassen sich mit den Töchtern der Menschen ein. Sie erzeugen Halbgötter, gewaltige Gottkönige. Ihre Schuld schreit zum Himmel. Gott vernichtet die Menschen durch die Sintflut. Eine menschliche Familie und ein Paar jeder Tierart wird nach Gottes Willen in Noahs Arche gerettet.

11. In Babylon bauen die Menschen einen Turm, der zum Himmel ragen soll. Gott verwirrt ihre Sprache und zerstreut sie. – Die Sprachvielfalt ist Gottes Selbstschutz vor dem Machtstreben der Menschen.

Reflexion

Es ist unmöglich, anders als persönlich betroffen von dem zu reden, was hier erzählt wird. Der Turmbau von Babel – ist das nicht unsere Zeit? Die Gottkönige – sind das nicht die Machthaber aller Zeiten, die Versuchung aller Politik? Warum erfand gerade der Brudermörder die Vergesellschaftung, die uns mit ihren zivilisatorischen Gaben so wohltut? Bin ich nicht selbst, in den Möglichkeiten meiner Seele, der Mörder und der Ermordete? Verhülle ich nicht meine Natur? Habe ich nicht an mir selbst erfahren, was Gut und Böse ist? Habe ich, der Naturforscher, nicht in Erde und Meer, den Gestirnen und Tieren und Pflanzen naiv Gott bewundert, ja angebetet?

Eben weil wir betroffen sind, müssen wir uns den historischen Zusammenhang der Erzählungen so genau wie möglich vergegenwärtigen. Er ist bei so wichtigen Themen nicht gleichgültig.

Die Zeitskala dieser Erzählungen, berechenbar aus den angegebenen Geburtsjahren und erreichten Altern der Patriarchen, reicht ziemlich genau zurück in die Zeit der Gründung der ersten hochkulturellen Städte und Reiche, etwa 6000 Jahre vor unserer heutigen Gegenwart. In einer Reihe der Erzählungen dürften sich echte historische Erinnerungen spiegeln. Der Ton der Erzählungen ist die Kritik am Menschen, im Lichte des Willens Gottes. Gut und Böse ist die Grundunterscheidung im Urteil über menschliches Handeln; dies wird nicht aufgehoben, sondern bestätigt, wenn damals »Gutes und Böses wissen« eine Redewendung für »alles wissen« wurde. Am Anfang der Sintflutgeschichte beschließt Gott, die Menschen zu vernichten, »denn das Dichten und Trachten des menschlichen Herzens ist böse von Jugend auf«. Nur Noah tat Gottes Willen und wurde gerettet. Am Ende verspricht Gott den Menschen, nie mehr eine solche Flut kommen zu lassen, »denn das Dichten und Trachten des menschlichen Herzens ist böse von Jugend auf«. Die Strafe war gerecht, sie hat nichts gebessert, und unser Überleben ist Gottes unableitbare Gnade.

Die Abfassung der Erzählungen, so wie sie uns schriftlich überliefert sind, beginnt zu einer Zeit, die unserer Gegenwart schon etwas näher ist als dem Anfang des Erzählten. Der älteste Erzähler, der »Jahwist«, der den Gottesnamen Jahwe benützt, wird etwa in salomonischer Zeit oder etwas später angesetzt, vielleicht 900 v. Chr. Die Schlußredaktion dürfte im babylonischen Exil, um 550 v. Chr., geschehen sein.

Die Kritik der Erzählungen ist auch spezifische Kulturkritik, zumal an den Großreichen und ihren Herrschern. Die distanzierte Stellung zum Ackerbau mag historisch auf die Zeit verweisen, in der die nomadischen Hebräer ins Ackerbauland Kanaan eindrangen, rund 1200 v. Chr.

Erzählung

12. Gott ruft einen Mann, Abraham, aus Ur in Chaldäa, im alten Kulturland Mesopotamien, in die Fremde, ins Land Kanaan, das er seinen Nachkommen verspricht.

13. Abrahams Urenkel Joseph, von seinen Brüdern nach Ägypten verkauft, sieht eine Hungersnot voraus und lehrt den Pharao ökonomische Vorsorge. Josephs alter Vater Jakob, genannt Israel, wird mit Josephs Brüdern in Ägypten vor dem Hunger gerettet.

14. Die Kinder Israel wachsen in Ägypten zum Volk heran. Mose führt sie nach Kanaan zurück. Zum Volk geeint werden sie durch Gottes Gebote. »Ich bin der Herr, dein Gott. Du sollst keine anderen Götter neben mir haben.«

15. Das Volk erobert Kanaan. Es wird dort von Fall zu Fall von Richtern geleitet. Der letzte Richter, Samuel, erfüllt den Wunsch des Volkes, einen König zu haben wie die anderen Völker. Saul scheitert, sein Nachfolger David gründet ein Großreich.

16. »Und der Zorn des Herrn entbrannte abermals gegen Israel, und er reizte David gegen das Volk und sprach: Geh hin, zähle Israel und Juda.« David zählt sein Volk, d. h. seine Soldaten, und wird durch Pestilenz und durch den Tod seines Sohnes für diese Sünde bestraft. (2. Samuel 24). So

schreibt ein Zeitgenosse des Großreichs. Fünfhundert Jahre später schreibt der Chronist: »Und Satan stellte sich gegen Israel und reizte den König David, sein Volk zu zählen« (1. Chronik 21, 1)

17. Das Großreich dauerte keine hundert Jahre. Das Volk zerfiel in die zwei kleinen Königreiche Israel und Juda. Im Reich Israel führte der Prophet Elia einen letztlich siegreichen Kampf gegen die kanaanäische Religion; der Name von deren Gott, Baal, bedeutet Herr. Die jüdische Unterscheidung des Guten und Bösen gegen die Religion der Fruchtbarkeitsmächte.

18. In die Kultstätte Bethel kommt der Bauer Amos und spricht göttliche Strafrufe gegen die umgebenden Völker. Zuletzt den härtesten gegen das eigene Volk. Gott will nicht Kult und Opferdienst, er will, daß ihr den Armen und Schwachen helft. Die großen Propheten rufen zur Buße, verkünden dann den politischen Untergang als Strafe Gottes für das egoistische Volk. Zerstörung des Königreichs Israel durch die Assyrer. Exil der Oberschicht des Reiches Juda in Babylon. Heimkehr nach siebzig Jahren. Der späte Jesaja (Deuterojesaja) und Micha verkünden: Die Völker der Erde werden kommen und in Jerusalem anbeten.

19. Um 150 v. Chr. schildert das apokalyptische Buch Daniel die Abfolge der Großreiche – Babylon, Meder, Perser, Griechen – im Bilde des Kolosses auf tönernen Füßen. Die Reiche der Welt sind zum Untergang bestimmt, Gottes Reich kommt.

Reflexion

Dies ist die Geschichte eines einzigen Volkes. Es ist die Geschichte seiner prägenden ersten tausend Jahre, teils zeitgenössisch, teils aus der Erinnerung erzählt. Diese Prägung hat dann die religiöse Selbstdeutung des Abendlands bestimmt.

Ein Wort über den historischen Gehalt der Erzählungen, soweit wir ihn heute beurteilen können. »Mein Vater war ein wandernder Aramäer« – diese alte Formel dürfte das historisch Unbezweifelbare der Ursprungserzählungen zusammenfassen. Die überlieferten Stammväternamen sind in den Erzählungen von Abraham und seinen Söhnen, Enkeln und Urenkeln zusammengefügt. Noch der Führer Mose ist in außerjüdischen Berichten nirgends erwähnt. Die frühe politische Gliederung des in Kanaan seßhaft gewordenen Volks in zwölf Stämme spiegelt sich in Jakobs zwölf Söhnen. David aber, obgleich auch er alten außerisraelischen Quellen namentlich kaum bekannt, steht im hellen Licht der Geschichte durch die Deutlichkeit des Berichts der Samuelbücher. Die späteren, mehr oder weniger zeitgenössischen erzählenden Bücher (nicht die rückblickenden zwei Bücher Chronik) und, in anderer Weise die Propheten, die unmittelbar zu ihrer eigenen Zeit reden, dürfen wohl als typische historische Quellen gelten. Sie entstammen den fundamentalen Konflikten ihrer jeweiligen Zeit und nehmen in ihnen entschieden Partei. Sie atmen lebendige Gegenwart; die Gegenseite freilich kommt nicht zu Wort.

Inhaltlich sprechen diese Bücher eine der größten Entscheidungen der Menschheitsgeschichte aus. Die Worte »Gut und Böse« deuten die Entscheidung an. Was diese Worte bedeuten, wird in den erzählten Geschichten und in den direkt ausgesprochenen Geboten und Bußreden deutlicher als in jeder auf heutige Begrifflichkeit angewiesenen theoretischen Erklärung.

Abraham vertraute Gott. Er gehorchte dem Wort Gottes, das in jedem seiner wichtigen Schritte direkt an ihn erging. Hören ist hier die Grundwahrnehmung. Vielleicht ist dies eine Projektion späterer Erfahrungen auf den Stammvater. Offenkundig ist dasselbe Hören und der Konflikt der Verfehlung des Hörens in den Berichten von David; hier hat die

Stimme Gottes einen menschlichen Sprecher in dem Propheten Nathan. Eine in der religiösen und politischen Weltliteratur sehr seltene Tugend der guten Texte im Alten Testament ist ihre Illusionslosigkeit auch über ihre Helden. David, der jugendliche Held, der Musiker, der treue Freund, der Rebell wider Willen, dann der siegreiche König – dieser David läßt einen seiner Offiziere auf eine Mission schicken, auf der er erschlagen werden muß, und dies um des Offiziers Frau zu heiraten. Zur Rede gestellt, bereut er tief; ihr erster Sohn der Ehe mit David stirbt. Aber er behält sie, und sie wird die Mutter Salomos, die Stammutter der Könige von Juda.

Wer ist der Gott, dem sie vertrauen? Der Gottesname Jahwe, von den Juden später aus Ehrfurcht nicht mehr ausgesprochen, von Luther als »der Herr« übersetzt, dieser Name mußte im frühen Verständnis einen der vielen Götter der vielen Völker bezeichnen, eben den Gott, der sich dieses Volk auserwählt hatte. Darum: »du sollst keine anderen Götter neben mir haben«. Aber wenn wir auf ihn hören, so leitet seine Stimme uns auf dem Weg, auf dem wir, als Einzelne und als Volk, leben können. Die zehn Gebote zeigen die Ordnung, in der ein Volk leben kann. Im Hören erkennen wir ihn als den einzigen wahren Gott. Die Götter der Völker, also, sind Götzen, bloße Bilder. Wenn nur er Gott ist, hat er auch die Welt geschaffen. Weil sein Wille das Gute ist, ist auch die Welt, die er geschaffen hat, gut. Modern gesagt: ein Primat der Ethik vor der Metaphysik. Aber das ist schon eine Deutung mit bibelfremden Begriffen.

Jede durchgehaltene Konsequenz scheint ins Paradox zu führen. Ist die Welt denn gut? Woher kommt das Böse? Warum der Sündenfall? Mußten die Menschen vom Baum der Erkenntnis des Guten und Bösen essen, um zu werden wie Gott? Also wußte Gott das Gute und Böse immer. Wenn er alles gemacht hat, hat nicht er selbst das Böse gemacht? »Und Gott ergrimmte abermals gegen Israel und gab dem König David ein, sein Volk zu zählen«, also sich seiner königlichen Macht zu vergewissern, wohl vor dem nächsten Krieg. Erst in der späten Ideologie ist dann die Schlange der Teufel, gibt Satan dem David die Volkszählung ein. So geht die Rechnung auf, weil ihre Voraussetzung vergessen ist. Also ist Gott nicht der einzige Gott. Es gibt einen Gegengott, nur sollst du diesen nicht »zum Gott haben«. Der Gegengott ist mächtig. Also ist die Welt, nämlich die wirkliche Geschichte, nicht an sich gut. Auch die spätere Theologie, Gott habe den Menschen als freies Wesen geschaffen, welches dem Guten nicht unfrei folgen muß, sondern zwischen Gut und Böse frei wählen kann, löst das metaphysische Dilemma nicht. Warum schuf der gute Gott die Möglichkeit des Bösen? Wiederum: was hieße »gut«, wenn das Böse keine Möglichkeit hätte? Hiob hadert mit Gott, und die Lösung ist nicht ein wahrer theologischer Satz, sondern die Rückkehr zum Hören, die Unterwerfung unter Gottes unerforschten Willen. Die Rückkehr aus dem Urteil in die Wahrnehmung.

Israel ist zum Volk geprägt durch die Forderung des Hörens. In einer literarisch, institutionell und intellektuell werdenden Kultur nimmt der Wille Gottes aber schließlich die Form des geschriebenen Gesetzes und seiner wörtlichen Erfüllung an. Hier entsteht eine neue Spannung. Drückt der wörtliche Gehorsam den demütigen Willen zum Hören aus oder den verfügbaren Ersatz an Stelle des unverfügbaren Hörens? Diese Spannung geht durch die ganze jüdische Geschichte und nicht nur durch diese.

Unter den Völkern aber wird dieses durch seinen Gott geprägte Volk isoliert. Es wird und bleibt machtlos. Die Hoffnung auf die Restitution durch einen neuen König, den Messias, Sohn Davids, wird und bleibt lebendig. Wenn aber Gott der Gott aller Menschen ist, so darf dies nicht die Herstellung eines Königreichs zwischen anderen Reichen meinen. Alle Völker werden in Jerusalem anbeten. Die reale Geschichte freilich zeigt den umgekehrten Gang. Ein Weltreich folgt auf das andere; jedes scheint schlimmer als das vorige. Apokalypse (*apo-kálypsis*) heißt Enthüllung, nämlich des gnädigen Willens Gottes, der diese Reiche zerstören wird, um sein Reich zu errichten. Diese Erwartungen waren gegenwärtig, als Jesus kam.

Erzählung

20. Jesus sagte:

»Kehrt um! Denn das Reich der Himmel ist gekommen.« (Matth. 4,17).

»Das Himmelreich ist wie ein Senfkorn, das ein Mann auf seinen Acker säte. Es ist der kleinste von allen Samen, aber es wächst höher als die anderen und wird zum Baum, und die Vögel des Himmels nisten in seinen Zweigen.« (Matth. 13,31–32).

»Das Himmelreich ist wie ein Sauerteig, den eine Frau in einen großen Trog Mehl mischte, bis das Ganze durchsäuert war.« (Matth. 13,33).

»Die Jünger fragten: Wer ist im Himmelreich der Größte? Da stellte er ein Kind in ihre Mitte und sagte: Wahrlich, ich sage euch: Wenn ihr nicht umkehrt und werdet wie die Kinder, könnt ihr nicht ins Himmelreich kommen.« (Matth. 18,1–3).

»Selig sind die Armen durch den Geist, denn für sie ist das Himmelreich gekommen.« (Matth. 5,3).

»Selig sind, die reinen Herzens sind, denn sie werden Gott schauen.« (Matth. 5,8).

»Selig sind die Friedensmacher, denn sie werden Gottes Kinder heißen.« (Matth. 5,9).

»Ihr habt gehört, daß gesagt ist: Du sollst deinen Nächsten lieben und deinen Feind hassen. Ich aber sage euch: Liebet eure Feinde und betet für die, die euch verfolgen!« (Matth. 5,43–44).

»Bittet, so wird euch gegeben; suchet, so werdet ihr finden; klopfet an, so wird euch aufgetan!« (Matth. 7,7).

»Zwei Männer gingen zum Tempel hinauf, um zu beten: ein Frommer von Israel und ein Zöllner. Der Fromme sagte: Gott, ich danke dir, daß ich nicht bin wie die anderen Menschen. Der Zöllner sagte: Gott sei mir Sünder gnädig. Der Zöllner kehrte gerechtfertigt heim, der Fromme nicht.« (Luk. 18,9–14).

»Ein reicher Jüngling fragte ihn: Was muß ich tun, um das ewige Leben zu erlangen? Jesus sagte: Du kennst die Gebote. Er erwiderte: Diese Gebote habe ich von Jugend an befolgt. Jesus sagte: Eins fehlt dir; verkaufe alles, was du hast, und gib es den Armen; dann folge mir nach. Er wurde traurig und ging, denn er war sehr reich. Jesus sagte: Wie schwer ist es für Reiche, in das Reich Gottes zu kommen!« (Luk. 18,18–24).

»Die Füchse haben Höhlen, und die Vögel haben Nester. Aber des Menschen Sohn hat nicht, da er sein Haupt hinlege.« (Matth. 8,20).

»Ich bin gekommen, ein Feuer zu entzünden auf der Erde, und was wünschte ich mehr, als es brennte schon. Meint ihr, ich sei gekommen, Frieden zu bringen auf Erden? Nein, sage ich euch, nicht Frieden, sondern das Schwert.« (Luk. 12,49,51).

»Stecke dein Schwert in die Scheide, denn wer das Schwert nimmt, wird durch das Schwert umkommen.« (Matth. 26,52).

Zum Tempel in Jersualem: »Wahrlich ich sage euch: Kein Stein wird hier auf dem anderen bleiben; alles wird niedergerissen werden.« (Matth. 24,2).

Jesus zog als Wanderprediger mit Jüngern durch das jüdische Volk. Er heilte Kranke und verkündete das Reich Gottes. Die Juden lebten unter lokalen Herrschern und priesterlicher Autorität im Römischen Reich. Im Volk bereitete sich der Aufstand gegen die Römer vor, der 35 Jahre später zur römischen Belagerung und Zerstörung Jerusalems führte. Jesus verbot den Seinen die Gewalt. Er sagte das nahe Gericht Gottes über Jerusalem und über alle Menschen auf der Erde voraus. Er wurde als Gotteslästerer und Aufrührer verurteilt und hingerichtet. Seine Jünger sahen ihn als Auferstandenen. Erfüllt von seinem Geist verkündeten sie seine Wiederkunft.

Reflexion

Diese Stimme hören wir noch direkt. Historische Reflexion reicht nicht aus, sie zu deuten. Die Stimme weist in einen Bereich, der noch jenseits des Bewußtseins heutiger abendländischer Intellektueller liegt. Deshalb habe ich fast nur wörtlich zitiert.

Aber heutige historische Reflexion kann helfen, die Schichten abzulösen, welche eine andere historische Reflexion, nämlich die der christlichen Deutung, über Jesus gelegt hat. Dies wird eine Komponente unserer nachfolgenden Arbeit sein. Ich werde das Empfinden nicht los, daß gerade die christliche Verehrung für ihn zwei Drittel dessen verhüllt hat, was er wirklich war und was er uns noch zu sagen hat.

Jetzt nur einige Bemerkungen zu seinen überlieferten Reden. Leben-Jesu-Forschung ist eines der großen Themen der historisch-kritischen theologischen Arbeit seit dem 19. Jahrhundert. Es ist die heute herrschende, mit starken Argumenten begründete Meinung, daß die vier kanonischen Evangelien frühestens vierzig Jahre nach Jesu Tod verfaßt sind. Eine ältere Sammlung von Reden Jesu (Logien-Quelle) wird vermutet. In der antiken Geschichtsschreibung war es selbstverständlicher Gebrauch, den Personen Reden in den Mund zu legen, die »der jeweiligen Situation des Redenden entsprechen« (Thukydides). Ohne Zweifel sind die großen Reden Jesu im Johannes-Evangelium so zu lesen; sie stellen die Theologie und Christologie des Verfassers dieses Evangeliums dar. Ich habe mich auf die Synoptiker beschränkt und habe Gemeingut von Markus und Matthäus nach Matthäus zitiert. Für keines der zitierten Worte kann ich garantieren, daß es genau in dieser Fassung aus dem Mund Jesu gekommen ist. Der Sprachton aber und die Grundhaltung sind unverkennbar.

Zum einzelnen:

Die »Armen durch den Geist« (*ptochoi to pneumati*) in der ersten Seligpreisung werden meist im übertragenen Sinn, etwa als Demütige vor Gott, gedeutet. Ich vermute, daß hier die Jünger angeredet sind, die getan haben, was er dem reichen Jüngling riet, als dieser nach dem Weg zum wahren Leben fragte. Dem Franziskus ist es nicht schwergefallen, Jesus so zu verstehen.

Das Himmelreich »ist gekommen« (*engike*) ist der Wortlaut. Es ist jetzt schon da. Aber es wächst wie der Senfsamen, es durchsäuert die Welt.

Die zwei längeren Erzählungen aus Lukas, von den zwei Betern und vom reichen Jüngling, habe ich verkürzt zitiert. Wo ich sage »ein Frommer von Israel«, steht im Text »ein Pharisäer«. Im christlichen Sprachgebrauch ist »Pharisäer« ein Schimpfwort geworden. Die Pharisäer aber waren wirklich die Frommen in Israel, die das Gebot wörtlich erfüllten. In der Reflexion zur Geschichte Israels habe ich auf die Ambivalenz der wörtlichen Gesetzeserfüllung hingewiesen.

Im überlieferten Wort: »Ich bin nicht gekommen, Frieden zu bringen, sondern das Schwert« schreibt eine neue Übersetzung statt »das Schwert«: »Spaltung«. Daß Jesus das Schwert, die bewaffnete Gewalt, nicht wollte, ist vielfach belegt; er verweigerte sich den Zeloten. Daß die Spaltung, die zu bringen sein Schicksal war, immer wieder mit dem Schwert ausgetragen werden würde – sollte er das nicht geahnt haben?

Die frühe Christenheit hat das nahe Weltgericht und in ihm die Wiederkunft Christi erwartet. Die Evangelien lassen Jesus in genau dieser Erwartung sprechen. Apokalyptische Gerichtserwartung war die Atmosphäre der Welt, in der er lebte. Wie sich dies für ihn mit dem Gleichnis vom Senfkorn vereinte, folgt aus unseren Texten nicht.

Erzählung und Reflexion

Die anderen Komponenten des Abendlandes mit der Ausführlichkeit zu schildern, mit der ich die jüdische Tradition zitiert habe, würde ein Buch füllen. Es ist auch hier nicht nötig, da ich auf andere Texte im jetzigen Buch und auf dort gegebene Zitate verweisen kann. Der »Rundritt« soll sie nur rasch dem Blick zeigen, so wie sie nachher für uns wichtig werden.

21. Die Griechen

Die griechische Kultur ist wie die jüdische spät und zunächst provinziell unter den Hochkulturen; das Abendland ist eine spätgekommene Kultur. Kreta und Mykene in der zweiten Hälfte des 2. Jahrtausends v. Chr. rechneten die späteren Griechen zu ihrer Geschichte. »Europa« ist der Name einer von Zeus in Stiergestalt nach Kreta entführten phönizischen, also asiatischen Prinzessin. Nach der von Norden kommenden dorischen Wanderung und den vorwiegend ionischen Stadtgründungen an den Küsten Kleinasiens, des Schwarzen Meers, dann auch des westlichen Mittelmeers sind die Griechen, um 600 v. Chr., neben den Phöniziern die technisch fortgeschrittensten Seefahrer, Händler, auch Krieger im Mittelmeerbereich. Die vielgliedrige Geographie Griechenlands, wie später diejenige Europas, fördert die kulturelle Vielfalt, damit Neugier und intellektuellen Reichtum, hindert die Entstehung eines einheitlichen Reichs. In dieser Vielfalt gelingt es ihnen, die persische Eroberung abzuwehren. Aber Großreiche haben eine darwinistische Chance in der Geschichte. Die Makedonen erobern mit griechischer Militärtechnik das Perserreich. Ihr eigenes Reich zerfällt in Teilreiche; eines, das antiochenische, ist uns als Feind der jüdischen Apokalyptik begegnet; ein anderes, das ptolemäische, das alte Ägypten, wird ein kulturelles Zentrum der hellenistischen Kultur. Rom wird als Weltreich der Erbe. Die Kultur des Römischen Reichs aber ist im wesentlichen griechisch.

22. *Philosophie*

Vielleicht das größte Werk der griechischen Kultur ist ihre Kunst, zumal Plastik und Dichtung. In der Wissenschaft ist die deduktive Mathematik und die mathematische Astronomie mit Weltmodellen ihre originäre Leistung, aber auch Statik, Technik, empirische Biologie, hochintelligente Geschichtsschreibung. Uns geht im Gedankengang dieses Buchs ihre Philosophie an. Der diesem Kapitel folgende Rundblick des Vierten Kapitels wird zuerst die zwei größten schriftlich überlieferten griechischen Philosophien skizzieren, diejenigen von Platon und Aristoteles; im Sechsten Kapitel kommen wir darauf zurück. Hier nur eine einordnende Bemerkung:

Alle Völker verstehen zunächst das Leben der Menschen untereinander und in der Welt im Lichte der Götter, die über ihnen leben und in ihrer Mitte wirken, die man fürchtet, feiert, mit Opfern speist; und also im Lichte der Erzählungen von Göttern und Helden, der Mythen. Schon in den ersten literarischen Werken der Griechen, bei Homer, gibt es jedoch eine lächelnde Skepsis gegenüber den erzählten Mythen. Bei Hesiod ist der Mythos bereits eine Form rationaler Reflexion. Paradigmatisch für diese Reflexion wird dann die deduktive Mathematik. Sie lehrt eine Klasse von Aussagen kennen, bei denen zwingend entschieden werden kann, ob sie wahr oder falsch sind, und welche in ein von wenigen Prinzipien her abgeleitetes System gefügt werden können. Ja-Nein-Entscheidungen haben eine große geistige Macht: das Gut und Böse der Juden, das Wahr und Falsch der griechischen Mathematiker und Philosophen. Beide führen auf eine göttliche Herkunft zurück. Der Gott der Juden ist selbst der Gesetzgeber. Der Göttervater Zeus des griechischen Mythos wird von den Philosophen als »der Gott« (*ho theós*) erkannt und dies als der volkstümliche Name des Einen.

23. Rom

Die im Orient entstandene politische Figur des Großreichs ist wohl niemals – außer in China – so dauerhaft und räumlich umfassend verwirklicht worden wie im dafür noch jungfräulichen Mittelmeerraum durch das Römische Reich. Ermöglicht wurde das Reich vermutlich durch die in der griechischen Kultur entwickelte Technik von Schiffahrt, Kriegsführung und Organisation; die Küsten des Binnenmeers bildeten eine Basis. Ursprung und Zentrum des Reichs war nicht eine territoriale Monarchie, sondern ein Stadtstaat mit republikanischer Rechtsordnung. Das Reich war schon in seinem vollen Umfang gegründet, als es der innenpolitisch leichter handhabbaren Regierungsform der militärgestützten Monarchie anheimfiel.

Nach rund sechshundertjähriger (ca. 200 v. Chr. bis 400 n. Chr.) unangefochtener Suprematie im Mittelmeerraum spaltete sich das Reich in die westliche (»lateinische«) und östliche (»griechische«) Reichshälfte. Der Westen wurde von Germanen erobert, die bedeutende Territorialstaaten gründeten. In diesen neuen Nationen, im Abendland im engeren Sinne, stand der Name »Rom« weiterhin für römisches Recht. Er stand zeitweilig für die Idee des Kaisertums als politische Einheit, dauernder als Sitz des Papstes als Garant für die Einheit der Kirche. Der Osten des Reichs bewahrte, langsam schrumpfend, seine politische Identität noch durch tausend Jahre und unterlag zuletzt dem zuerst militärisch und später auch kulturell überlegenen Islam.

24. *Kirche*

Die frühen Christen, eine jüdische Sekte, hofften auf die baldige siegreiche Wiederkehr des Herrn. Sie lebten, so gut sie es vermochten, nach seinen Worten. Dann breitete sich ihre Gemeinschaft in die Weite des Römischen Reichs aus. Sie wurden als eine der aus dem Orient einströmenden Glaubenslehren wahrgenommen. Politisch gesehen dürften ihre Krisen und ihre Siege mit der Verweigerung der Teilnahme am Kaiserkult zusammenhängen. Die religiöse Geste gegenüber dem Kaiser, für philosophisch gebildete Römer und Griechen eine Reverenz vor der vernünftigen Lebensordnung des Reichs, war den Christen ein Verrat an dem einen Gott. Sie zogen sich Verfolgungen und Bewunderung zu. Ein Kaiser kam, Konstantin der Große, der die politische Unterstützung dieser standfesten Minorität gewann, indem er sich zu ihrer Lehre bekannte. Nicht viel später war die christliche Religion die einzige offiziell zugelassene.

Dies vollendete einen schon begonnenen Wandel in der Haltung der christlichen Kirche. Die frühen Christen hatten den Untergang der Herrschaft Roms, der Hure auf den sieben Bergen (Offb. 17,9), die mit allen Königen der Erde gehurt hat (17,2), erhofft und erwartet. Aber schon Paulus (Röm. 13,1) hatte den römischen Staat, in dem er missionierte, als Ordnungsträger anerkannt, freilich in Erwartung des nahen Gerichts. Die anfänglich kleine Sekte konnte gewaltlos leben. Wie aber, wenn Soldaten Christen wurden? Sollten sie ihren Beruf aufgeben? Der Nimbus Roms hatte schon begonnen, dem römischen Bischof einen Primat unter den Bischöfen zu verleihen. Nun war das Unerwartetste geschehen: das Römische Reich war nicht untergegangen, sondern Christen waren seine Herren geworden. Durfte der christliche Kaiser Gewaltlosigkeit üben und den Barbaren das Land zur Eroberung freistellen?

Die Kirche wurde ein Herrschaftssystem. Aber sie bewahrte die geheiligten Texte und bewahrte Menschengruppen, die nach diesen Texten zu leben begehrten. Die harten Forderungen Jesu wurden nicht als moralische Vorschriften, sondern als »evangelische Ratschläge« an die Verzichtenden interpretiert, an Mönche und Nonnen. Und in jedem Jahrhundert gab es Proteste aus der Mitte der Kirche gegen ihre Kompromisse mit der Macht. Vielleicht hat niemand die Weltgeschichte stärker verändert als die Christen, die auf nichts als auf ihr Ende hofften. Jedenfalls niemand vor dem Beginn der europäischen Aufklärung in der Neuzeit.

25. *Theologie*

Wie sollten die Christen das denken, was sie glaubten? Sie fanden sich vor, so wie politisch im Römischen Reich, so geistig inmitten der griechischen Kultur. Indem das Christentum die Mittelmeerwelt durchdrang, nahm es die Fragestellungen und Antworten der griechischen Philosophie in sich auf. Es wurde nötig, den jüdischen und den neuen, christlichen Überlieferungen einen Ausdruck im griechischen Denken zu verschaffen; unausweichlich ein Kompromiß. Inhaltlich haben wir das nicht hier, im raschen Durchgang, zu besprechen; wir kommen im Sechsten und im Siebten Kapitel darauf zurück. Nur zwei Bemerkungen seien gemacht.

Die spekulativen Denkmittel der Patristik, der entfalteten Theologie der Kirchenväter, sind wesentlich neuplatonisch. Im Platonismus ist es möglich, die Welt vom Einen, vom Geist her zu denken. Das zentrale Dogma der Trinität, als solches im Neuen Testament nicht vorhanden, erinnert strukturell an Plotins Dreiheit des Einen, des Nus und der Psyche: das Eine; der Geist, der ewig das Eine schaut; die Weltseele, die den ewigen Geist in die Zeit trägt. Das Gute ist das wahrhaft Seiende; das Schlechte ist Mangel an Sein. Das ungelöste Dilemma der jüdischen Schöpfungslehre kann hier in ein Dilemma der Philosophie abgebildet werden: warum ist Mangel nötig?

Der politische Aspekt: »Dogma« heißt griechisch zunächst eine Meinung, von *dokei*, es scheint mir. Die Konzilien, welche in strittigen Fragen Dogmen festschrieben, hatten die politische Funktion, Kirchenspaltungen zu verhindern. Hier wird in einer uns Heutigen fatal erscheinenden Weise die jüdische Unterscheidung von Gut und Böse mit der griechischen von Wahr und Falsch verquickt und römisch-rechtlich festgelegt: Wer das Dogma nicht glaubt, *anáthema sit*, sei verdammt. Vielleicht war hier aber doch der Heilige Geist im Spiel, wenn er gestattete, daß die tiefsinnigsten Dogmen logisch paradoxe Gestalten erhielten: die nun einzige verbleibende Form, eine ungelöste Aufgabe festzuhalten.

26. *Mittelalter*

Die Epocheneinteilung der abendländischen Geschichte in Altertum, Mittelalter und Neuzeit ist offenkundig in der Neuzeit erfunden. Die Abgrenzungen sind willkürlich, aber die Inhalte sind wichtig. Kulturell kann man das abendländische Mittelalter vielleicht als die Schulzeit der Kelten, Germanen und Slawen auffassen. In den auf weströmischem Boden entstandenen Reichen war der Adel germanisch. Ostrom strahlte in der Gestalt des orthodoxen Christentums in die slawischen Völker des Nordens aus, Westrom als katholisches Christentum und römisches Recht in die keltischen, germanischen und westslawischen Völker. Aus Athen und Alexandria wanderte griechische Philosophie und Wissenschaft – Medizin, Astronomie, Mathematik – in die islamische Welt. Dem Islam verdanken die westlichen Christen im Zeitalter der Kreuzzüge die letzten, vielleicht entscheidenden Anstöße: den weltweiten Denkhorizont, die Wissenschaften, die Philosophie des Aristoteles.

Schiffahrts- und militärtechnisch waren die Westeuropäer der Kreuzzugsära offenbar dem Islam nun gewachsen. Daß die philosophische Autorität des Neuplatonismus dann durch die des Aristoteles verdrängt wurde, bedeutete die Hinwendung des Denkens zur empirischen Realität. Die immense Dynamik der europäischen Neuzeit kündigt sich an.

27. Neuzeit

Die Neuzeit ist militärisch, politisch, ökonomisch die zeitweilige Welteroberung durch die Europäer. Intellektuell ist die europäische Weltdurchdringung nachgerade vielleicht noch tiefer und dauerhafter. Was ist geistig geschehen?

Das abendländische Mittelalter war die Schule der neuen Völker; es dachte noch ungebrochen antik. Die griechische Philosophie war aus spekulativen Gründen genötigt, zyklisch zu denken. Das Eidos ist ewig, die Teilhabe der empirischen Welt an ihm ist die ewige zyklische Wiederholung seiner Gestalt. Die jüdisch-christliche Geschichte von Schöpfung, Sündenfall, Gericht, Erlösung ist in dieser Philosophie ein Fremdkörper; in der Scholastik wird die jüdisch-christliche Tradition als Theologie der Offenbarung von der »natürlichen« Theologie der Griechen unterschieden. Die Neuzeit bringt ein drittes, wiederum zeitliches, Denkmodell auf, wohl ohne echten Vorläufer in den Weltkulturen: das des unbegrenzten, offenen Fortschritts.

Es scheint, daß hier die Praxis dem Denkmodell vorausgelaufen ist. Die Europäer waren den anderen Kulturen zuerst technisch überlegen. Technik ist Bereitstellung von Mitteln für offengehaltene Zwecke: sie ist Macht. Von neuem tritt die Mathematik als Paradigma auf. Mathematik ist Wahrnehmung von Gestalt durch intellektuelle Schaffung von Gestalt: sie ist eine Kunst. Der griechischen Philosophie war sie paradigmatisch als Wahrnehmung von Gestalt, die ewig so und nicht anders ist. Der neuzeitlichen Wissenschaft wird sie Paradigma der Schaffung unbegrenzt neuer Gestalten. Die Reise des Kolumbus wird nicht umsonst zum Symbol der beginnenden Neuzeit: erobernde Weltumseglung aufgrund einer zutreffenden wissenschaftlichen Theorie.

Aber man entdeckt stets etwas Unerwartetes. Kolumbus entdeckte Amerika. Die neuzeitliche Dynamik, philosophisch reflektiert, entdeckte die offene Zeit und den Zusammenhang von Zeit und Wissen. Die neuzeitliche Technik und Politik entdeckt heute – ist es zu spät? – die Verantwortung des Menschen für die belebte Erde.

28. Wissenschaft

Wie antwortet die heutige Wissenschaft auf die Frage: Woher kommen wir?

Von der Naturwissenschaft ausgehend haben wir im vorigen Kapitel den Anfang einer Antwort gegeben. Wir sind Kinder der Natur, Kinder der Evolution. Die Evolution bringt Einzeller hervor, Tiere, Wirbeltiere, Säugetiere, Primaten – sagen wir es auf deutsch: Affen –, Prähominiden, Hominiden, Homo sapiens, Jäger- und Sammlerkulturen, Ackerbau... und damit sind wir beim Beginn des jetzigen Kapitels. Aber wie verschieden ist die Antwort und, wie sich aus der Antwort enthüllt, die Fragestellung!

Im jetzigen Kapitel haben wir gefragt, wie der Mensch von jeher seine eigene Herkunft kennt. Dies geschah wiederum in zwei Stufen, nach »Erzählung« und »Reflexion« getrennt. In »Erzählung« zitierten wir, was der Mensch einer bestimmten Kultur, hier der altjüdischen, von seiner Herkunft selbst zu berichten weiß, Herkunft als Mensch und als Volk. Hier ist die Fülle des menschlichen Lebens mit ihrem Sinn und ihren Ordnungen schon als bekannt vorausgesetzt. Der naive Leser jener Zeit verstand von selbst, wovon die Rede war. Und die Herkunft des Bekannten wird aus Bekanntem erklärt. Der Gott, der die Welt geschaffen hat, ist eben der Gott, den wir im Tempel zu Jerusalem verehren, der sich in Gebot, Gewissensqual und Gnade täglich in unserem Leben bekundet. Abraham war ein Hirt, David war ein Held, der Messias wird ein König sein. Sinn wird durch Sinn erklärt.

Die Abschnitte »Reflexion« denken nicht grundsätzlich anders. Auch sie erklären Sinn durch Sinn. Aber sie setzen nicht die alte, zeitgenössische Sinneinbettung voraus, sondern die der modernen europäischen Geisteswissenschaft. Kain und Abel sind Sagengestalten, aber die Erzählung von ihnen bezieht sich auf uns bekannte Gesellschaftszustände: Ackerbau und Nomadentum, Stadtkultur, Kunst und Technik. Alle Erklärung von Sinn durch Sinn beantwortet die Frage: Woher kommen wir?, indem sie die Frage: Wer sind wir? zunächst gar nicht stellt. Wir kennen uns ja. Aber dann eröffnet die Antwort auf die Frage nach der Herkunft neue Horizonte. So schon in der Erzählung: Wenn Gott die Welt geschaffen hat, wenn das Gebot einmal am Sinai gegeben worden ist, wenn das Königreich entstanden und vergänglich ist – dann also gibt es Sinnzusammenhänge, die über unser naives Selbstverständnis hinausgehen, dann enthüllt sich erst die Frage: Wer sind wir? als ernst und unbeantwortet.

Ebenso ist es aber in der Reflexion heutiger Wissenschaft. Es war der hermeneutische Stolz der Geisteswissenschaft, zumal in deutscher Tradition, nicht die banalen Kausalfragen der Naturwissenschaft zu stellen, die nur banale Antworten produzieren, sondern den Menschen durch den Menschen zu verstehen. Als Autor dieses Buches bekenne ich, wie unermeßlich mich, den Physiker, das Leben in einer geisteswissenschaftlichen Fakultät bereichert hat. Hermeneutik ist eine nichtendende Schule der Wahrnehmung. Aber wenn es eine Geschichte der Natur gibt, wenn Verhaltensforschung die tierische Gestalt von Sinn sichtbar macht und ein paar Schritte weit erklärt, wenn es biologische Präliminarien zur Logik gibt, dann zeigt sich ein Sinnzusammenhang von Natur und Mensch, welcher der kulturimmanenten Hermeneutik verborgen bleibt.

Freilich tun die Naturwissenschaftler wieder dasselbe: sie setzen die eigenen Strukturen ihrer Begriffe wieder als bekannt und selbstverständlich voraus. Was sie damit leisten, ist im Grunde wieder schlichte »Erzählung«. Die andere Ebene fehlt ihnen, welche zur »Reflexion« aufzusteigen gestatten würde. Das jetzige Kapitel sucht eine solche Ebene bereitzustellen in Gestalt der Frage: Welchem geschichtlichen Sinnzusammenhang unserer abendländischen Kultur entstammt dieses ihr charakteristisches Kind, die Naturwissenschaft der Neuzeit? Die Natur ist älter als der Mensch, der Mensch ist älter als die Naturwissenschaft: diesen Satz habe ich wie eine Grundformel des »Kreisgangs« als eines Prinzips in der philosophischen Reflexion oft benützt. Ich sagte dann, der Kreis müsse mehrmals durchlaufen werden.

Damit stellt sich aber die Frage nach einer nochmaligen Reflexion. Ich habe mich bemüht, den Kreis mehrmals zu durchlaufen. Welcher Sinnzusammenhang ist stillschweigend vorausgesetzt, wenn man so den Kreis durchläuft oder doch zu durchlaufen meint?

29. *Wo finde ich mich vor?*

Wohin hat uns der Weg, den wir gekommen sind, geführt? Wo stehen wir heute? Und wohin wird der Weg uns weiter führen?

Die Frage »Wo stehen wir heute?« wird, unter dem Titel »Einsichten«, den größten verbleibenden Teil dieses Buches ausfüllen. Ich möchte auf sie aber wieder zunächst nicht mit wissenschaftlichen oder geschichtsphilosophischen Vermutungen eintreten. Ich möchte noch einmal fragen: wie nehmen wir den Ort, an dem wir stehen, denn selber wahr? Und wieder möchte ich mit der individuellen Wahrnehmung beginnen. Wo finde ich selbst mich vor? Ich habe im Ersten Kapitel skizziert, wie ich mich selbst in den ersten drei Jahrzehnten meines bewußten Lebens wahrgenommen habe. In ihnen habe ich gleichsam mich kennengelernt. Die weiteren fast fünf Jahrzehnte waren weitgehend von Rollenspielen in Anspruch genommen, die mir die Situation, in die ich hineingewachsen war, auferlegte. Kann ich aus den Rollen, die mir zufielen, etwas über das Drama einsehen lernen, in dem wir alle Mitspieler sind? Und wie schon im Ersten Kapitel möchte ich jedem Leser die Frage mitgeben, wie er selbst seine Rollen erfahren hat.

Blicke ich zurück und blicke ich heute um mich, so kann ich mich in mehreren speziellen Rollen verpflichtet erkennen, vielleicht in sieben Rollen: etwa als Abendländer, als Deutscher, als mitmenschlicher Partner; ferner als Wissenschaftler, im philosophischen Nachdenken, in politischer Tätigkeit; als Christ.

Als Abendländer trage ich die Geschichte, die ich in diesem Kapitel erzählt habe, als meine eigene prägende Tradition mit mir. Ich trage das jüdisch-christliche, das griechische, das römische Erbe. Dies prägt die Kategorien, in denen ich denken gelernt habe; nur in ihnen denke ich spontan. Schon in jungen Jahren habe ich mich für die großen asiatischen Traditionen sehr interessiert, zumal für die indische und die ostasiatische. Als ich Indien besuchte – erst nahe meinem sechzigsten Lebensjahr – war mir vieles so vertraut, daß ich versucht war, zu sagen, in einer früheren Existenz sei ich ein Inder gewesen. Mit Chinesen und Japanern habe ich mühelos, in der Kumpanei nordisch aktiver Menschen, reden können, und die konfuzianische, taoistische, buddhistische Tradition war mir unmittelbar lebendig. Aber ich bleibe in meiner Spontaneität Abendländer. Und politisch kann ich heute nicht umhin, anzuerkennen, daß ich zu den jetzt noch mächtigen Herren der Welt gehöre, welche die Verantwortung für die großen Menschheitsprobleme von Reichtum und Armut, Krieg und Frieden, Mensch und Natur vorwiegend tragen. Wohin führt uns der Weg dieser Verantwortung?

Als Deutscher habe ich in den prägenden drei Jahrzehnten die beiden Weltkriege erlebt, in deren Mitte Deutschland stand, das dann beide verlor. Im ersten Krieg war ich Kind, und seitdem liegt tief in meinem Unbewußten, unausrottbar, das Gefühl »Es ist Krieg«. Im zweiten Krieg wurde ich dem Militärdienst durch das »Uranprojekt« entzogen, mit dem tiefen moralisch-politischen Problem der Atomwaffe, und dem Trost, Kernenergie sei ein wichtiges Geschenk an die Menschheit; darüber habe ich anderswo ausführlich berichtet*. Nach dem Krieg gehörte ich zu der Generation, der in wachsendem Maß die Verantwortung für den Wiederaufbau unserer Heimat und für ihre Eingliederung in die neue Weltordnung zufiel. Der deutsche Nationalismus, ein Spätkommer unter den großen europäischen Nationen, verlor, wie Zuspätgekommene manchmal, die Selbstbeherrschung. Der erste Weltkrieg, begonnen als die Europäer an die Grenze ihrer möglichen außereuropäischen Expansion gekommen waren, erhielt seine konkreten Fronten durch den Eintritt Deutschlands in die Konkurrenz; den zweiten begann das besiegte Deutschland allein, in verzweifeltem Wahnsinn.** Dieser Wahnsinn hatte für meine ungeklärten Machtinstinkte kurzfristig etwas Verführerisches. Im Grunde lag mir deutscher Nationalismus aber immer fern. Als Diplomatenkind in der Schweiz und in Dänemark in die Schule gegangen, später vorwiegend an Wissenschaft, Philosophie, Literatur interessiert, empfand ich europäisch. Als ich 1949 zum erstenmal nach USA kam und bald fast ein Jahr dort zubrachte, liebte ich elementar die menschliche Offenheit der Amerikaner und ihren naiven Glauben an Recht und Zukunft. Ich kam mir vor wie ein abgebrühter alter Ägypter, der zu den Griechen gekommen ist. Freilich empfand ich dann auch: Ein wirklich guter Gesprächspartner werde ich für Amerikaner vielleicht erst sein, wenn sie alle die Fehler europäischer Machthaber, die zu verdammen und zu vermeiden das Grunddogma der Pilgrim Fathers und der Declaration of Independence war, selbst gemacht haben werden. Heute sind sie nicht weit davon. Dies, ich wiederhole, sage ich nicht als Deutscher, aber als Europäer.

Mitmenschlicher Partner wird man in einem langen Leben in vielen Zusammenhängen, die hier nicht zu schildern sind. Für Freundschaft und Liebe war ich zugänglich. Ich habe jung geheiratet. Wir haben Kinder und Enkel und schon das

* *Bewußtseinswandel,* 6. Kapitel, S. 362–402.
** Vgl. *Bewußtseinswandel,* 5. Kapitel.

erste Urenkelchen. Die Generation meiner Kinder trägt heute die Hauptlast der gesellschaftlichen Verantwortung. Die anderen Partnerschaften entstammen vorzugsweise den sachlichen Beziehungen, also den anderen Rollen.

Wissenschaft, speziell theoretische Physik, ist mein gewählter und erlernter Beruf. Als Kind habe ich mich als »Naturforscher« entdeckt. Das Zweite Kapitel dieses Buches berichtet von meiner ersten großen Liebe in der Wissenschaft, der Astronomie. Es erschien mir immer selbstverständlich, die Geschichte des Menschen im Rahmen der Geschichte der Natur zu sehen. Wie kann man im Ernst die Sterne am Himmel anschauen und den Menschen noch als Herrn der Schöpfung titulieren? Aber dann muß man lernen, die Natur geschwisterlich zu lieben. Das aber verlangt auch eine philosophische Reflexion, die unsere Naturwissenschaft noch nicht geleistet hat.

Philosophie wurde dadurch mein berufliches Schicksal und, für etwas mehr als ein Jahrzehnt, 1957–69, meine Lehrpflicht. Philosophie aber muß im Rahmen ihrer Geschichte verstanden werden, wenn sie nicht naives Stottern bleiben will. Hier verdanke ich der interpretierenden Geisteswissenschaft die tiefste Belehrung. Von meinen philosophischen Doktoranden habe ich stets die im Examen »Graecum« nachgewiesene Kenntnis der griechischen Sprache verlangt, auch wenn das Dissertationsthema Interpretation der heutigen Physik war. Aber Philosophie, die größte Aufgabe im Feld der Wissenschaften, bleibt ein wenig jenseits menschlichen Vermögens.

Politische Tätigkeit liegt in der Tradition meiner Familie. In jungen Jahren hatte ich politischen Ehrgeiz. Mein Vater, der mich kannte, riet mir ab vom politischen Beruf. Ohnehin wollte ich Wissenschaftler werden, träumte nur gleichzeitig von politischer Wirkung. Diese trat erst ein, als ich nach einer Midlife crisis den politischen Ehrgeiz aufgegeben hatte. Für den Wissenschaftler nach der Atombombe ist bewußtes Tragen politischer Verantwortung selbstverständliche

Pflicht. Verschiedene Begabung, auch verschiedene politische Situation, kann verschiedene Formen des Ausübens dieser Verantwortung zur Folge haben. Politische Ämter, die man mir später anbot, habe ich abgelehnt. Darin lag zum Teil auch eine politische Absicht: ich wollte meinen wissenschaftlichen Kollegen demonstrieren, daß man gerade auch im wissenschaftlichen Beruf politisch wirken kann und soll. Nicht: »entweder Wissenschaft oder Politik«, sondern »Politik als natürliches Verantwortungsfeld des Wissenschaftlers, der Staatsbürger und moralisch wacher Mensch ist«. Die Max-Planck-Gesellschaft bot mir für das letzte Jahrzehnt meines Berufslebens (1970–80) die Chance eines »Instituts zur Erforschung der Lebensbedingungen der wissenschaftlich-technischen Welt«*, eines im wesentlichen politik- und sozialwissenschaftlichen Instituts. Dort lernte ich, soviel ich noch lernen konnte, von Sozialwissenschaften.

Christ bin ich zunächst durch Taufe und Erziehung. Eine religiöse Grundwahrnehmung war wohl immer im Kind, auch als Gabe einer starken und bewegten Mutter. Berichtet habe ich von dem unauslöschlichen Schock der Wahrheit der Bergpredigt und von dem selbstverständlichen Verlust des Kinderglaubens an die ausschließliche Wahrheit derjenigen Religion, in der man zufällig aufgewachsen ist. Ich habe die lutherische Kirche, in der ich erzogen wurde, nie verlassen, ohne freilich auf ihre Unterscheidung von den Reformierten irgendeinen Wert zu legen. Zwanzigjährig ertrug ich die lateinische katholische Liturgie, die mich mit zwei Jahrtausenden religiöser Erfahrung verband, leichter als die intellektuelle Überforderung der Pfarrer in der allsonntäglichen protestantischen Predigt. Katholisch zu werden, verbot mir jedoch die Angst des Vatikans vor der Aufklärung seit Pius IX.; auch wenn ich die Katholische Kirche, wäre ich in sie hineingeboren, wohl nie verlassen hätte. Tief beeindruckte mich die Bekennende Kirche in der Hitler-Ära und die aktive Näch-

* Dazu *Der bedrohte Friede* (1981), speziell S. 449–485.

stenliebe amerikanischer Christen nach dem Krieg, am tiefsten wohl die Quäker.* Als wesentlich empfand ich stets die innere Erfahrung. Ich wußte, daß es diese, in kulturell verschieden geprägter Sprache erzählt, in allen großen Religionen gibt. In Indien wurde mir 1969 etwas davon zuteil. 1985 wurde ich durch den »Konziliaren Prozeß« zum erstenmal im Leben in sehr direkte, durchgehaltene kirchliche Aktivitäten einbezogen. – Von allen mit dieser Erfahrungskette verbundenen Fragen spreche ich im Siebten Kapitel. Ich bin überzeugt, daß die Geschichte der Religion nicht am Ende, sondern in einer ihrer aktivsten, freilich kritischen Phasen ist. Was haben wir noch zu lernen?

30. Wo stehen wir?

Im Grunde stehen wir nicht; wir sind rasch unterwegs in schwer überschaubarem Gelände. Aber auch wer zu Fuß in den Alpen unterwegs ist und eilig, vor der Dunkelheit, die Hütte für die nächste Nacht erreichen sollte, der muß einmal stehen bleiben, muß die Bergkulissen, Hänge und Fußsteige mit der Karte vergleichen, bis er weiß, welchen Weg er wählen wird; dann aber muß er mit verdoppeltem Schritt weitergehen. So ist die Frage »Wo stehen wir?« gemeint.

In diesem Vergleich ist vorausgesetzt, daß man mit der Karte wandert. Die Landkarte ist ein Geschenk der Wissenschaft, der europäischen Geodäsie und Geographie. Mit ihr kann ich die Umwelt vergleichen, die ich jeweils gerade mit meinen Augen sehe. Und sie bietet eine umfassende Einordnung des Geschehenen, die weiter reicht, als was mir irgend ein Bauer, Wanderer oder Gastwirt erzählen kann, den ich unterwegs frage. Und doch ist das eigene Auge nötig, das Gespräch mit dem begegnenden Menschen hilfreich.

Der zweite Teil des Buchs, »Einsichten« betitelt, könnte mit einer Übersichtskarte verglichen werden. Er skizziert,

* Zu all diesem *Garten des Menschlichen*, »Selbstdarstellung«, S. 588–596. Auch in *Deutlichkeit* (1979): »Die Bodelschwingh-Tradition« und die dort nachfolgenden Aufsätze.

was die vielen Wissenschaften, was Philosophie und Religionen zum Wissen darüber beitragen, wo wir heute stehen. Im jetzigen Abschnitt sei nur kurz gefragt, wie wir heute Lebenden unsere eigene Situation mit den eigenen Sinnen wahrnehmen. Ich stelle ihn unter die drei im vorigen Abschnitt genannten Problemkreise von Reichtum und Armut, von Krieg und Frieden, von Mensch und Natur. Ich füge hinzu: Mann und Frau.

Reichtum und Armut. Dieses Buch wird in einem der heute reichen Länder der Erde geschrieben. Der Reichtum ist nicht nur materiell: geräumiges Wohnen, reichliche Ernährung, freies Reisen. Der Reichtum ist auch kulturell: für die Aufnahmefähigen sind die Inhalte modernen Wissens und geschaffener Kunst zugänglich; den minder Aufgeschlossenen wird ablenkende Unterhaltung in Fülle geboten. Der Reichtum ist schließlich politisch: es gibt freie Meinungsäußerung, demokratische Wahlen, also Anteil an der Bestimmung des eigenen Schicksals.

Aber die Bevölkerung der Länder, in denen diese Zustände für einen großen Teil der Menschen bestehen, umfaßt eher weniger als ein Fünftel der heutigen Menschheit. Und in den Ländern selbst kann man von einer »Zwei-Drittel-Gesellschaft« sprechen: nur diejenigen Gruppen, die Einfluß auf die politisch-ökonomischen Entscheidungen nehmen können, haben einen, selbst abgestuften, Anteil am Reichtum der Gesellschaft. Es gibt wachsende »marginalisierte« Minderheiten.

Der größere Teil der Menschheit ist arm. Die Oberschichten, die am Reichtum des Weltmarkts teilhaben, sind meist klein, die Mittelschichten vielfach unzureichend entwickelt. Mehr Menschen sterben jährlich an den Folgen des Hungers als in den Kriegen. Die Zahl der Menschen wächst, und am schnellsten die Zahl der Armen. Die Hoffnung, die Armut mit demokratischen Mitteln zu reduzieren, wie es im liberalen Rechtsstaat der großen Industrienationen seit dem

19. Jahrhundert gelungen ist, hat heute im Weltmarkt, beim Fehlen einer international einklagbaren Rechtsordnung, kaum eine Chance.

Das soziale Problem der heutigen Menschheit ist ungelöst. Unfriede ist die unweigerliche Folge.

Krieg und Frieden. Krieg ist die Geißel der Menschheit seit Jahrtausenden. Er ist zugleich das Thema früher Heldengedichte, er ist das Feld des Stolzes der Sieger, vom Kampf um Troja bis zum Wüstensturm. Innerer Friede aber ist von jeher die Lebensbedingung einer Gesellschaft: eines Stammes, einer Stadt, eines Reiches, modern gesagt: einer Nation. Friede ist die Gesundheit, die kaum wahrgenommen wird, wenn sie da ist, sondern erst, wenn sie verlorengeht. Friedlosigkeit, Unfähigkeit zum Frieden, kann als eine seelische Krankheit bezeichnet werden. Die klassische Verfaßtheit menschlicher Gesellschaften war einerseits ein erträgliches Maß des Friedens im Inneren, andererseits die Fähigkeit zu kriegerischer Konfrontation, zum mindesten zur Verteidigung, nach außen. Im periodischen Wechsel von äußerem Krieg und Frieden aber blieb der Krieg, trotz der Heldenlieder, für die Mehrzahl der Betroffenen die schreckliche Geißel.

Die wachsende Technik läßt die Gebiete größer werden, in denen Handel getrieben, Krieg geführt, Herrschaft ausgeübt werden kann. Wenn ich oben (21., 23.) sagte, Großreiche hätten eine darwinistische Chance in der Geschichte, so beruht das nicht bloß auf militärischer Macht, sondern auch darauf, daß das Reich den in ihm zusammengefaßten Völkern eine Form der Lebensbedingung des Friedens garantiert. Doch gibt es in der Geschichte auch die friedliche Koexistenz unabhängiger Gesellschaften, in längeren Zeitspannen, durch Vernunft vor der kriegerischen Auseinandersetzung beschützt. Das Europa der neuzeitlichen Jahrhunderte, im mobilen Gleichgewicht von je etwa fünf Großmächten, schwankte zwischen fruchtbarer Koexistenz und periodischen Kriegen. Im 19. Jahrhundert, etwa von 1815 bis 1914, überwog die Koexistenz, weil die konkurrierenden Machtinteressen im Kolonialismus, also expansiv, befriedigt wurden. Die beiden Weltkriege unseres Jahrhunderts, nun innere Kriege des mächtigen Nordens der Menschheit, endeten mit dem symbolischen Weckersignal der Atombombe: Mit den technischen Mitteln unserer Zeit darf, wenn wir überleben wollen, Krieg der Mächte mit vollem Einsatz der verfügbaren Mittel nicht mehr sein. Das Bewußtsein dieser Forderung durchdringt heute den Norden. Wird sie erfüllt werden?

Im Süden sind seit 1945 etwa 140 Kriege geführt worden. Vermutlich übersteigt diese Zahl eher die weltweite durchschnittliche Anzahl von Kriegen in gleichen Zeiträumen der Vergangenheit; vielleicht in ähnlichem Maß, wie die heutige Bevölkerungszahl die damaligen Zahlen übersteigt. Die sichtbaren Anlässe dieser Kriege waren meist regional. Die Waffen wurden überwiegend vom Norden geliefert, teils in Bündnissen, meist aber schlicht geschäftlich. Das Urteil über die wahren Gründe der Kriege ist, wie meist, kontrovers. Aber daß die Armut des Südens Spannungen erzeugt oder steigert und daß sie das Entstehen einer Bewußtseinslage friedlicher Koexistenz erschwert, ist nicht zu leugnen.

Das Problem von Krieg und Frieden ist ungelöst. Die militärische Überlegenheit des Nordens ist noch nicht die Lösung.

Mensch und Natur. Die radikale Veränderung der Natur durch den Menschen beginnt mit dem Ackerbau. Später sind Reichtum, politische Organisation, Krieg, durch die Technik ermöglicht. Daß heute fünf Milliarden Menschen auf der Erde leben können, verdanken sie den radikalen Eingriffen in die natürlichen Abläufe, durch Technik und Medizin, radikaler gesagt: durch anorganische und organische Technik, durch Eingriffe sowohl in die uns umgebende Natur wie in die Natur des Menschen.

Die organische Natur hat in der Evolution eine gewisse Stabilität gegen Änderungen in der Umwelt erworben. Der Mensch aber ist eine völlig neue Erscheinung in der Natur: das planende, bewußt verändernde Wesen. Wie viele seiner Eingriffe erträgt die Natur um ihn, erträgt seine eigene Natur? Diese Frage, von klugen Menschen schon lange gestellt, rückt in den jetzigen Jahrzehnten ins öffentliche Bewußtsein. Hier ist nicht der Ort, die vielen detaillierten Probleme zu mustern. Grundsätzlich ist zu sagen, daß, wie stets in der Technik, vorausschauende Planung nötig ist, bei gesellschaftlich wirksamen Technikfolgen somit politische Planung, bei Folgen, welche die ganze Erde betreffen, also »Erdpolitik«.* Wissenschaftlich ist die Planung schwierig, aber möglich. Ihre politische Durchsetzbarkeit hängt, wie schon der Weltfriede und die Bekämpfung der Armut, davon ab, ob eine effektive Organisation politischer Handlungen im Weltrahmen rechtzeitig entsteht.

Sie besteht noch nicht.

Mann und Frau. Dieses Buch ist von einem Mann geschrieben. Das verrät nicht nur der Vorname des Verfassers, sondern wohl auch sein Argumentationsstil und sein Inhalt. Die Menschen, deren Gedanken und Handlungen ausdrücklich beschrieben und erörtert werden, sind fast nur Männer. Die »Landkarte« der Wissenschaften ist ein Werk der männlich bestimmten Zivilisation in der abendländischen Neuzeit, ein Werk der »Zweckrationalität« ihrer Willens- und Verstandeswelt, ihrer virilen Stilisierung der Kultur auf »Theorie und Praxis« (vgl. Viertes Kapitel, 4, das »Baugerüst«).

Und doch sah der Verfasser sich von Anfang an durch Frauen empfangen (Erstes Kapitel, 2): die Mutter, die Großmutter, die junge Tante Lie; die entscheidende Begegnung mit der Schweizer Journalistin. Er meint sogar in seinem eigenen Seelenleben weibliche Regungen ebensowohl wie

* E. U. v. Weizsäcker, *Erdpolitik*, Darmstadt 1991[2].

männliche wahrzunehmen. Und der Blick auf die Umwelt: Etwa 1935, also in den frühen Jahren des Hitler-Reichs, sagte mir ein erfahrener alter Arzt: »Unter meinen vielen Patienten beobachte ich, daß die Männer in Wahrheit nicht ein noch aus wissen; nur die Frauen bewahren ihre Identität; die Zukunft unserer Kultur wird den Frauen gehören.« Heute, zunehmend seit Jahrzehnten, gibt es eine Frauenbewegung, gibt es »Feminismus«. Was bedeutet das?

Die männlich-weibliche Rollenverteilung wurzelt tief in der Natur. Spätestens seit den Säugetieren ist das Kind zunächst auf die Mutter angewiesen, die Mutter also auf die Fürsorge für das Kind geprägt. Bei sozial lebenden Säugetieren scheint das von einem Mann geführte Rudel die vorwiegende Figur zu sein; zum mindesten haben die Zoologen, die selbst meist Männer waren, das so beschrieben. In der frühen menschlichen Gesellschaft scheint vorwiegend das Haus der Frau, Jagd- und Weidegrund aber dem Mann zu gehören. Hier sind matriarchalische Lebensformen im Haus gut vorstellbar. Die Stadt aber macht das Haus zunehmend abhängig von den Strukturen außerhalb des Hauses. Die Stadt- und Reichskulturen tendieren daher natürlicherweise zum Patriarchat. Die heutige technische Gesellschaft jedoch gibt dem Mann und der Frau wachsenden Spielraum gegenüber den Nötigungen ihres jeweiligen Arbeitslebens. Unter modernen Intellektuellen der herrschenden Schichten (aus denen sich wohl die Leser dieses Buchs rekrutieren) erscheint die alte, dienende Rolle der Frau als ein historisches Unrecht; und in der Tat erweisen sich die Frauen, denen nun Abitur, Studium, Beruf offensteht, als gleichwertige Partner der Männer.

Diese Gleichberechtigung der Frau in der Männerwelt ist aber noch nicht die Antwort auf die ursprüngliche Frage. Frauen in Männerrollen (man kann das gelegentlich an Premierministerinnen wahrnehmen) sind häufig nicht klüger und nicht humaner als die Männer; sie passen sich einem Stil an, den zu überwinden ihre Kraft nicht ausreicht. Der heutige Abbau der traditionell hochstilisierten Geschlechterrollen ist ein Schritt zur Freiheit für beide Geschlechter. Aber er ist noch nicht der produktive Gebrauch dieser Freiheit. Die Strukturen, die das jetzige Buch beschreibt, bleiben männlich geprägt. Wie wären sie fruchtbar zu wandeln? Wie kann die Einheit von Wahrnehmen und Bewegen, im Lichte des durch ihre Trennung Erfahrenen, wieder wachsen?

II
Einsichten

Vorbemerkung

Zwischen »Herkunft« und »Zukunft« wird man vielleicht den Titel »Gegenwart« vermuten. Was aber können wir über unsere Gegenwart sagen? Doch wohl nur das, was wir heute über uns Menschen in unserer Gegenwart* *wissen*, unsere *Einsichten* über uns.

Was wissen wir über uns? Die abendländische Neuzeit hat eine Form systematisch aufgesuchten »positiven« Wissens erfunden, die sie »Wissenschaft« nennt. Die Wissenschaft hat sich in viele Teilgebiete aufgespalten. Hierüber wird das Fünfte Kapitel unter dem Titel »Die Wissenschaften« sprechen. Zunächst sei gesagt, wovon hier nicht die Rede sein kann. Einerseits ist das Thema des Buches nicht die heutige Lage der Politik, Wirtschaft, Gesellschaft. Das Buch gibt keine Ratschläge zum Handeln. Dies habe ich in anderen Büchern versucht (vgl. das Vorwort). Andererseits kann das Buch nicht die Breite der Wissenschaften darstellen. Es kann nur versuchen, auf die wichtigsten sachlichen und methodischen Inhalte der Wissenschaften zu verweisen. Was wissen wir denn eigentlich in den Wissenschaften?

Dies ist offenkundig eine philosophische Frage. Das Buch ist ja (wie auch im Vorwort gesagt) aus dem Wunsch entstanden, dem breiten philosophischen Text *Zeit und Wissen* einen kurzen, zugänglichen Überblick voranzuschicken. Das Buch ist ein kleiner Versuch, in unserer Gegenwart zu philosophieren. Die methodische Form dieser Philosophie ist nicht das »System«, sondern der »Kreisgang«. Deshalb schicke ich dem breiten Fünften Kapitel über die Wissenschaften einen einmaligen Kreisgang in Gestalt eines Vor-

* Mein Freund, der Historiker Hermann Heimpel, hat vor Jahrzehnten ein Buch geschrieben: *Der Mensch in seiner Gegenwart*. Vielleicht hat eine im Unbewußten gespeicherte Erinnerung daran mich veranlaßt, meinem Buch seinen jetzigen Titel zu geben.

trags als Viertes Kapitel voraus. Der Gedanke des Kreisgangs wird hier erläutert, indem er vorgeführt wird. Der »Kreis« ist eine sich im Ring schließende gegenseitige Abhängigkeit von Wissensgebieten, hier dargestellt in der Kette von Metaphysik – Physik – Evolution – Kultur – Metaphysik. In den Kreis kann man im Prinzip eintreten, wo man will. Verstehen aber wird man ihn erst, wenn man ihn mehrmals durchläuft.

Die Schwierigkeit bei diesem Unternehmen ist, daß an jedem Punkt des Eintritts in den Kreis irgendein Wissen vorausgesetzt werden muß, das der Leser vielleicht nicht verfügbar hat. Deshalb habe ich vorweg, in den ersten drei Kapiteln des Buchs, versucht, von heute zugänglichem Wissen auszugehen: zuerst von der Erinnerung an das Wissen, das ich selbst als junger Mensch erworben habe, weiter, über die von mir geliebte Wissenschaft der Astronomie und über die Evolution des Lebens, zu dem, was unsere abendländische Kultur von ihrer eigenen Herkunft weiß. Dieser Gang nun führt eben zum Phänomen der Wissenschaft als Teil der heutigen Kultur, und die Rückfrage nach dem Wissen der Wissenschaft führt zur Philosophie. Indem ich hiermit jetzt unter dem Titel »Metaphysik« beginne, setze ich freilich wieder einige philosophiehistorische Kenntnisse als zitierbar voraus, die ich nicht vorweg in Breite referieren kann. Einiges dazu wird in den nächsten Kapiteln nachgeliefert.

Diese drei folgenden Kapitel halten dann die philosophische Frage in dreifach verschiedener Weise durch. Das Fünfte Kapitel behandelt zwar thematisch die *»positiven« Wissenschaften*, die das *Einzelne als Einzelnes* teils in der Erfahrung aufsuchen, teils in der Theorie in detailliert nachweisbarem Zusammenhang präsentieren. Indem jedoch die positive Wissenschaft das Einzelne *begrifflich* beschreibt, denkt sie im Begriff selbst bereits das *Allgemeine*. Die Frage, was sie damit eigentlich denke, ist eben die philosophische Frage. Deshalb werden einige Abschnitte über die einzelnen Wissenschaftsgebiete, die unter dem Titel »Darstellung« die jeweils wichtigsten Inhalte referieren, begleitet von Abschnitten unter dem Titel »Reflexion«, welche die philosophische Frage entlang dem sachlichen Zusammenhang verfolgen.

Diese Frage führt dann unausweichlich nochmals zu dem Versuch, die *Einheit des Wirklichen* zu denken. Dieser Versuch hat in unserer abendländischen Tradition zwei verschiedene Namen: *Philosophie* und *Theologie*. Diese Zweiheit entspringt der doppelten Herkunft unseres Denkens, der griechischen (Drittes Kapitel, 22) und der jüdisch-christlichen (25). Das sechste Kapitel nimmt die *Philosophie* griechischer Herkunft noch einmal auf, als »eine Fußnote zu Platon«. Der Weg zur *Theologie* hingegen verlangt, den weiten Erfahrungsbereich der Religion ernstzunehmen, dessen Wahrnehmung die neuzeitliche Wissenschaft in einer ihrer Denkweisen versäumt, in einer anderen, historischen Fragestellung aber unbefangener, »aufgeklärter«, versucht hat, als es die direkte Gläubigkeit konnte. So trägt das Siebte Kapitel den Titel »Wege der Religion«.

Viertes Kapitel
Zeit, Physik, Metaphysik*

Ich bin in Versuchung geführt worden und bin der Versuchung erlegen, in etwas mehr als einer Stunde den vollen Entwurf einer Philosophie zu skizzieren.

Der Vortrag wird vier Teile haben. Sie folgen den im Titel genannten Begriffen – Zeit, Physik, Metaphysik – in umgekehrter Reihenfolge und schließen sich im Kreis. Ich beginne mit einem Blick auf die Geschichte der europäischen *Metaphysik*, in deren Tradition mein Entwurf steht. Ich fahre fort mit der philosophischen Interpretation der heutigen *Physik* in der Gestalt der Quantentheorie. Beide Wege führen ins Zentralproblem der *Zeit*. Ich folge diesem Problem zunächst im Rahmen der Naturwissenschaft unter dem Titel der *Evolution*. Evolution mündet in die Geschichte der menschlichen *Kultur*, und im Rahmen der europäischen Kultur zeigt sich uns die Rolle der *Metaphysik*.

1. Metaphysik

Metaphysik heißt in der Tradition der abendländischen Philosophie das, was nach der Physik kommt, anknüpfend an den Titel, den man einer Aufsatzsammlung des Aristoteles gegeben hat. Physik bezeichnet hier das Wissen von dem, was ein Werden und Vergehen, eine Bewegung hat; bei Aristoteles abgesetzt von Ethik und Poietik, die das menschliche Handeln und Machen betreffen. Nach der Physik kommt die Frage, was der Fall sein muß, wenn Physik überhaupt möglich sein soll. Metaphysik ist insofern Reflexion auf Physik. In ähnlichem Sinne sprechen dann Autoren

* Vortrag, Bern, 13. Juni, Genf, 15. Juni 1983. Zuerst gedruckt in Chr. Link (Hrsg.), *Die Erfahrung der Zeit. Gedenkschrift für Georg Picht*, Stuttgart 1984.

unseres Jahrhunderts von Metalogik, Metamathematik. Eben diese Trennung des Wissens und des Meta-Wissens ist freilich problematisch.

In der geschichtlichen Vorbetrachtung durcheile ich in raschem Flug fünf Stationen der westlichen Philosophie, bezeichnet durch die Namen Platon, Aristoteles, Kant, Hegel, Heidegger, mit einem Blick auf die Inder.

Platon exponiert das Problem im Dialog *Parmenides.* Die Dinge, die ein Werden und Vergehen haben, haben ihr Sein durch die Teilhabe an der Idee. Was aber ist die Idee? Von den vier Transzendentalien ist hier das erste thematisiert: die Idee ist *eine.* Das Sein des Einen und des Vielen ist das Thema des Dialogs. Die Darstellung ist aporetisch: dieses Sein ist nicht gemäß der Logik denkbar. Nur im Bereich des Vielen gibt es Verneinung und, als deren Verneinung, Bejahung, also Logik. Die Aporie ist, daß das Viele nicht ohne Teilhabe am Einen sein kann, das Eine aber nicht gemäß der Logik gedacht werden kann, welche Sein und Nichtsein scheidet. Deshalb ist die Gesprächsführung dem Parmenides gegeben; die Schlüsselstellung des Dialogs zeigt sich darin, daß Platon nur in ihm einem Größeren als Sokrates das Wort gegeben hat. Die Spannung zwischen dem Einen und dem Vielen spielt nun nicht mehr zwischen Idee und Erscheinung, sondern schon innerhalb der Idee. Platon nennt die Erkenntnis der Idee selbst Dialektik. Deshalb ist dieser Dialog Dialektik. Hegels Gebrauch des Worts Dialektik knüpft hier an. Hegel hebt dabei den Fortschritt des Gedankens durch das, was gemäß der Logik Widerspruch ist, als das Wesentliche heraus. Er liest den Dialog als das verschlüsselte Programm einer systematischen Philosophie, die ich die Philosophie des Abstiegs in die Höhle nennen möchte. Der Gedanke denkt das Seiende, also denkt der Fortschritt des Gedankens, d.h. die Bewegung des Gedankens, die seiende Bewegung. Bewegung ist so der Schlüsselbegriff der Vermittlung des Einen mit dem Vielen. Platons Philosophie des Abstiegs, d.h. seine eigentliche Philosophie, ist Philosophie der Bewegung.

Die entscheidende Abweichung des Aristoteles von Platon liegt darin, daß er die Unanwendbarkeit der Logik auf das Eine und das Sein bestreitet. Insofern die Logik die adäquate Regulierung des Denkens über das Seiende ist, schafft Aristoteles damit die Form der Philosophie, die Heidegger terminologisch als Metaphysik bezeichnet, in der das Sein wie ein Seiendes behandelt, die ontologische Differenz nicht adäquat gedacht wird. Heideggers Wiederaufnahme der Seinsfrage ist insofern die Wiederherstellung der Frage Platons gegen Aristoteles. Heidegger selbst konnte dies nicht so ansehen, da ihm Platons Philosophie des Abstiegs als ein, zudem notwendig unausgereifter, Vorgriff auf die mathematische Physik, also auf eine im Sinne Heideggers dem Ursprung noch fernere Gestalt der Metaphysik erscheinen mußte. Hier zeigt sich eine Grenze der Heideggerschen Wiedererschließung der griechischen Philosophie, seine Fremdheit gegenüber dem zentralen Motiv, das für diese Philosophie in der Entdeckung der Mathematik lag. Dieses Motiv ist andererseits auch so lange nicht zu würdigen, als die Mathematik selbst nicht philosophisch verstanden ist. Aristoteles jedenfalls kommt in die Schwierigkeit, das Sein zu denken, in der Gestalt, daß er seiner Aufzählung der mannigfachen Weisen, vom Seienden zu reden, nur durch den undurchsichtigen Gedanken der Analogie eine Art Einheit geben kann; Analogie gleich Proportionalität ist ein mathematischer Terminus, der in der Philosophie metaphorisch gebraucht wird.

Den Indern kann ein westlich geschulter Philosoph am ehesten auf dem Wege des Neuplatonismus begegnen. Im Gespräch mit Sanskrit-Gelehrten der Tradition des Kashmir-Shaivismus in Srinagar wirkte es verblüffend, daß ich die mir unbekannten streitenden Schulen des Vedanta ein Stück weit a priori klassifizieren konnte; mein Leitfaden waren dabei die Positionen des platonischen Parmenides-Dialogs. In der differenzierenden Beobachtung der körperlich-psychischen, mentalen und supramentalen Erfahrungen ist die indische Tradition der europäischen weit überlegen. Was dem indischen Denken fehlt, um in dem Sinne, wie wir das Wort gebrauchen, Philosophie zu sein, ist die konstitutive Rolle der Mathematik. Ich benutze den Blick auf die Inder, um den Begriff des Sat-Chit-Ananda, Sein-Bewußtsein-Seligkeit einzuführen. Das Eine ist die Identität dieser Drei. Die Unterscheidung der Drei gibt es nur in der Welt der Vielheit. Ein einzelner Begriff ist nur sinnvoll, wo auch seine Negation erfahren werden kann: Sein, wo es Nichtsein gibt, also bei Begriffen, denen ein Ding gemäß oder ungemäß sein kann; Bewußtsein, wo Seiendes unbekannt oder seiner selbst unbewußt bleibt; Seligkeit, wo Leiden, Unseligkeit erfahren wird. Dies entspricht genau den platonischen Transzendentalien. Das Eine ist erstens das Sein, welches den Vielen (den Ideen und abgeleitet den Sinnendingen, die eigentlich vielheitliche, bewegte Ideen sind) ihre logisch negierbare Seiendheit verleiht; eben insofern ist es selbst jenseits der Seiendheit. Das Eine ist zweitens die Wahrheit, die den Vielen das Licht der Unverborgenheit verleiht. Das Eine ist endlich und zumal das Gute, die Seligkeit, die in jedem Ding und jeder menschlichen Handlung, sofern Ding und Handlung ihrer Idee nahekommen, durchscheint, und die das Merkmal der Unio mystica ist.

Kant muß im gegenwärtigen Zusammenhang als ein Kritiker der an Aristoteles anschließenden abendländischen, zumal neuzeitlichen Metaphysik gelesen werden. Kants Theorie der Erkenntnis des endlichen, auf Erfahrung angewiesenen Bewußtseins erfaßt die Einheit dieses Bewußtseins als die Bedingung seiner Möglichkeit. Das Medium der Vielheit, das bei Platon Bewegung genannt werden konnte, heißt bei Kant Zeit, allgemeiner: Form der Anschauung. Die Möglichkeit der Einheit in der Vielheit, also die Möglichkeit des erkennenden Bewußtseins, ist für Kant gerade dadurch vermittelt, daß er die Zeit als Form der Anschauung des Bewußtseins, als subjektkonstituierend versteht. Verstand ist das Vermögen der Begriffe, Vernunft das Vermögen der

Einheit (Totalität: Einheit in der Vielheit). Unsere Form der Einheit ist die Einheit der Sinnlichkeit, die Zeit. Die Einheit der Welt an sich, der Person an sich, des Grundes beider an sich, muß vorausgesetzt werden, ist aber nicht Gegenstand der Erfahrung. Sie kann darum nicht Gegenstand theoretischer Erkenntnis sein, obwohl die Möglichkeit theoretischer Erkenntnis ohne sie unbegreiflich erscheinen muß; sie ist regulatives oder moralisches Postulat der Vernunft, denkbar, aber nicht erkennbar. Die dogmatische Metaphysik, die diese Grenze ihres Vermögens nicht sieht, verfällt einem dialektischen Schein. Dialektik ist hier zugleich im Sprachgebrauch Platons als erstrebte Erkenntnis der Prinzipien wie im Sprachgebrauch des Aristoteles als Feld (und Entlarvung) der Fehlschlüsse gemeint. Der Schein ist transzendental, d. h. durch die Natur der Vernunft notwendig, obgleich eben der Vernunft durchschaubar. Kant stößt hiermit auf eben die Probleme, die den Synthetiker Platon über die Logik hinaus, den Analytiker Aristoteles in die Bescheidung des Analogiebegriffs geführt haben; Probleme, welche der noch naiv der griechischen Schule entwachsenden mittelalterlich-neuzeitlichen Metaphysik nicht klar genug vor Augen gestanden hatten.

Hegel – durch Fichte und Schelling belehrt – rüttelt die Inkonsistenz der Kantschen Postulatenlehre zurecht. Was man nicht erkennen kann, kann man nicht einmal denken. Nun können wir das Eine – Hegel sagt: das Absolute – denken, denn ohne es können wir nichts denken. Also können wir es erkennen. Aber die Bewegung des Widerspruchs ändert alle Begriffe, indem sie sie vollzieht. Wenn wir das Absolute erkennen, erkennen wir uns als Gestalten, in die sich das Absolute gekleidet hat. In uns erkennt das Absolute sich, denn das Absolute ist das einzige Subjekt. Diese Philosophie vollzieht noch einmal, der Intention nach, den Aufstieg und Abstieg Platons, beide als Bewegung durch den Widerspruch. Neuzeitlich-egalitär, bleibt sie nicht eine hinter Aporie und Mythos der Dialoge ungeschriebene Lehre, sondern sie kritisiert das Öffentliche öffentlich, und so stellt sie sich selbst der öffentlichen Kritik. Diese von Hegel herausgeforderte Kritik nun mußte in vielen Einzelheiten vernichtend ausfallen; sein Systemanspruch gilt seit der Mitte des 19. Jahrhunderts als überwunden. Wer, wie viele Neuere, Hegels Werk seitdem wie ein verfallenes Schloß als Steinbruch benützt, mag davon Nutzen haben, sieht aber nicht hinreichend, daß die Pointe des Hegelschen Denkens eben in seinem Systemgedanken lag. Dialektik ist die erkannte Unmöglichkeit, die Identität des Einzelnen festzuhalten, weil das Einzelne, als das erkannt, was es ist, sich jeweils durch das Wahre, das das Ganze ist, bedingt erweist; sie ist die Präsenz des Ganzen im Einzelnen, des Einen im Vielen. Fragen nun wir Heutigen, ob wir die Reflexion, die in jedem Schritt der Hegelschen Dialektik geschieht, nachvollziehen können, so werden wir, zunächst psychologisch selbstbeobachtend, sagen müssen: Ja, als Vorgang in der Zeit. Zuerst denken wir einen Begriff, danach fragen wir, was er gemeint hat. Indem wir schließlich auch noch nach dem Grund der Wahrheit der Logik fragen und ihn in Regeln des Handelns, also des Verhaltens in der Zeit finden, wird uns die Zeit, anders als der metaphysischen Tradition, an der hier höchstens Kants Beobachtung, aber nicht seine Theorie rüttelt, zur Voraussetzung auch des Begriffs.

Heidegger tut eben diesen Schritt, jedenfalls der Intention nach, in voller Radikalität. Die Zeit erscheint ihm als der Horizont des Seins. Das Wichtige dabei ist, daß dieser Gedanke nicht isoliert geäußert, sondern aus einer Aufarbeitung der Geschichte der gesamten abendländischen Metaphysik begründet wird. Diese Geschichte sieht Heidegger nicht in einer der beiden gängigen oberflächlichen Gestalten, entweder als eine Kette von Fortschritten oder als einen zu überwindenden Irrtum. Er sieht vielmehr in der nicht in ihren Problemen, sondern nur in ihren Lösungsmodellen rezipierten phänomenologischen Aporetik der Griechen den Leitfaden, an dem entlang sich die Metaphysik bis hin zur theoretischen Physik unseres Jahrhunderts mit einer ihr selbst verborgenen Notwendigkeit bewegt hat. Wenn das richtig ist, setzt der heute fällige Schritt, eben die Erkenntnis der Zeit als Horizont des Seins, eine Auseinandersetzung nicht in erster Linie mit den neuzeitlichen Gestalten der Metaphysik, sondern mit ihrem griechischen Ursprung voraus. Diese Auseinandersetzung hat Heidegger jedoch m. E. nur eingeleitet, nicht vollzogen. Ich maße mir nicht an, die Griechen besser zu verstehen als Heidegger. Aber den einen Punkt muß ich hervorheben, daß griechische Philosophie, also Philosophie, ohne die Schlüsselrolle der Mathematik unbegreiflich bleiben muß. Von den Philosophen nach Platon, die ich hier besprochen habe, hat dies nur Kant gesehen, von den hier nicht besprochenen wohl nur Descartes und, tiefer, Leibniz, und dann die mit Frege beginnende Schule. Was wiederum den die Mathematik ernstnehmenden Philosophen verborgen bleibt, mit der Ausnahme von Kant und Brouwer, ist die zentrale Bedeutung der Zeit für die Mathematik.

So scheint mir die Geschichte der Philosophie das Feld des heutigen Turniers abgesteckt zu haben.

2. Physik

Die Einheit der Wissenschaft liegt nicht in ihrer Methode, sondern im Inhalt ihrer zentralen Theorien. Das philosophisch Relevante an der heutigen Wissenschaft ist deshalb nicht die Wissenschaftstheorie, sondern die Wissenschaft selbst, in ihren Inhalten.

Der logische Positivismus wollte eine Philosophie der Wissenschaft sein, die selbst Wissenschaft wäre. Als zentral für die Wissenschaft sah er zu Recht den Begriff der Erfahrung an. Wäre der Positivismus selbst Wissenschaft im Sinne seiner eigenen Definition gewesen, so hätte er aus Erfahrung lernen müssen, was Erfahrung ist. Radikal hat diesen Schritt erst Thomas Kuhn getan, indem er Wissenschaftstheorie in Wissenschaftsgeschichte verwandelt hat. Sein wichtigstes Ergebnis: Wissenschaft ist nicht kontinuierliche Akkumulation von Kenntnissen, sondern eine Abwechslung von Ebenen und Krisen. Die Ebenen nennt Kuhn normale Wissenschaft, Lösung von Einzelproblemen unter einem festen, nicht in Frage gezogenen Paradigma. Die Krisen sind die wissenschaftlichen Revolutionen, die Paradigmenwechsel. Das Philosophieren, eine bergsteigerische Kunst, ist in der Ebene kaum verwendbar, in der Krise unentbehrlich.

Die zentrale Disziplin der Naturwissenschaft ist die Physik. Wir kennen heute keine Grenzen ihres Geltungsbereichs. Heisenberg hat schon fünfzehn Jahre vor Kuhn, 1948, gesagt, was eine Revolution in der Physik ist: der Übergang von einer abgeschlossenen Theorie zu einer anderen, umfassenderen. Abgeschlossen nennt Heisenberg eine Theorie, die durch kleine Änderungen nicht mehr verbessert werden kann. Eben deshalb kann sie nur durch eine Revolution abgelöst werden. Newtons Mechanik, Maxwells Elektrodynamik, Einsteins spezielle und allgemeine Relativitätstheorie, die von Planck über Bohr bis Heisenberg entwickelte Quantentheorie sind abgeschlossene Theorien.

Das Phänomen abgeschlossener Theorien ist höchsten Staunens wert. Die Grundannahmen der Quantentheorie kann man für einen mathematisch gebildeten Leser auf einer Druckseite darstellen. Die Menge einzelner bekannter Erfahrungen, die der Quantentheorie gehorchen, mag man heute wohl auf eine Milliarde beziffern; und nicht eine einzige Erfahrung ist gefunden worden, die der Quantentheorie glaubwürdig widerspräche. Ich benütze einen Gedanken von Kant und vermute, daß die Quantentheorie deshalb allgemein in der Erfahrung gilt, weil sie Bedingungen der Möglichkeit der Erfahrung formuliert.

Dies kann ich an dieser Stelle nur an *einem*, freilich dem zentralen Thema erläutern, der Bedeutung der *Zeit*. Dabei gehe ich nicht systematisch deduktiv vor, sondern im Sinne einer propädeutischen Philosophie des Aufstiegs. Ich schildere, wie mir selbst die Rolle der Zeit in der Physik schrittweise sichtbar geworden ist.

Es begann mit der Irreversibilität der physischen Vorgänge. Als Schüler fragte ich mich: Warum gibt es Eisenbahnunglücke, bei denen ein intakter Zug plötzlich zum Stehen kommt und zerstört wird, aber keine »Eisenbahnglücke«, bei denen ein zerstörter Zug plötzlich losfährt und intakt ist? Als Physikstudent lernte ich, daß der Zweite Hauptsatz der Thermodynamik die Irreversibilität beschreibt: die Entropie eines abgeschlossenen Systems kann wachsen, aber nicht abnehmen. Diesen Satz erklärt dann die statistische Mechanik. Die Entropie eines Zustands ist ein Maß der Wahrscheinlichkeit seines Eintretens; unwahrscheinlichere Zustände gehen in wahrscheinlichere über. Als junger Forscher habe ich eine Arbeit hierüber geschrieben, die ich noch für richtig halte. Wie kann der Begriff der Wahrscheinlichkeit spätere Ereignisse gegenüber früheren auszeichnen, wie kann er also dasjenige definieren, was die Physiker metaphorisch die Zeitrichtung, oder, noch metaphorischer, den Zeitpfeil nennen? Die Antwort: Jeder Mensch unserer Kultur, also sogar jeder Physiker, versteht unausdrücklich immer schon den Unterschied des Vergangenen vom Zukünftigen. Das Vergangene ist faktisch, es ist unabänderlich geschehen. Das Zukünftige ist möglich. Wahrscheinlichkeit ist eine quantitative, mathematisierte Fassung von Möglichkeit. Wahrscheinlichkeit des Geschehens in diesem direkten Sinn, in dem die Physik sie hier benutzt, bezieht sich also stets auf die Zukunft. Die qualitative Unterscheidung von Vergangenheit und Zukunft ist nicht, wie Physiker manchmal herumrätseln, eine Folge des Zweiten Hauptsatzes. Sie ist vielmehr seine phänomenologische Prämisse. Erst weil wir sie vorweg verstehen, können wir Physik so treiben, wie wir es tun.

Ich habe später gesehen, daß diese Unterscheidung für den Grundbegriff der Erfahrung konstitutiv ist. Erfahrung heißt, aus der Vergangenheit für die Zukunft lernen. Zeit im Sinne dieses qualitativen Unterschieds von Faktum und Möglichkeit ist eine Bedingung der Möglichkeit von Erfahrung.

An diesem Leitfaden habe ich versucht, die Quantentheorie zu verstehen. Die Quantentheorie ist eine statistische, eine Wahrscheinlichkeitstheorie. Ihr Kern ist eine nichtklassische Wahrscheinlichkeitsrechnung, charakterisiert durch das sogenannte Superpositionsprinzip. Die Wahrscheinlichkeitsrechnung setzt Logik voraus. Die nichtklassische Wahrscheinlichkeitsrechnung der Quantentheorie setzt nach J. v. Neumann eine nichtklassische Logik voraus, die er Quantenlogik nannte. Man hat eingewandt, alle Erfahrung setze schon die eine wahre Logik voraus, die wir die klassische nennen. Also sei es absurd, zuerst aus Erfahrung eine spezielle Theorie wie die Quantentheorie zu begründen, und nachher aus der Quantentheorie eine abweichende Logik herauszudestillieren. Der Einwand ist, meiner Meinung nach, stark, aber falsch. Erfahrung setzt Zeit voraus. Die Logik, mit der wir Sätze der Erfahrung beschreiben, muß eine Logik zeitlicher Aussagen sein. Prognosen, Aussagen über die Zukunft, sagen Möglichkeiten aus. Möglichkeiten nennt man logisch Modalitäten. Ich habe versucht, eine Logik futurischer Modalitäten zu entwerfen. Hier läßt sich übrigens eine Brücke zu den Grundlagen der Mathematik schlagen. Der von Brouwer initiierte Intuitionismus oder Konstruktivismus betrachtet Mathematik als ein intellektuelles Handeln; ich sage gern: eine Erzeugung von intellektuellen Gestalten. Dieses geschieht, wie Brouwer hervorgehoben hat, in der Zeit. Die hierfür fundamentale Logik muß zeitliche Logik sein. Ich bleibe aber jetzt bei der Quantentheorie. Ich glaube in meinen Arbeiten gezeigt zu haben, daß man die Quantenlogik als eine spezielle Fassung einer zeitlichen Logik auffassen kann. In ihr kämen uns dann logische Strukturen zu Bewußtsein, die in Wahrheit schon aller Erfahrung zugrunde liegen.

Nun mache ich eine kurze Bemerkung über den Inhalt der

Quantentheorie, die, in der Knappheit des Vortrags, nur Physikern verständlich sein kann. Die ψ-Funktion, auch Zustandsvektor genannt, hat, wie wir gesehen haben, einen futurischen Sinn. Sie definiert die Wahrscheinlichkeiten aller möglichen Meßergebnisse an dem betreffenden Objekt. Meßergebnisse muß man nun nach Bohr in klassischen Begriffen beschreiben. Warum? Ich schließe mich der Deutung an, daß das Wort »klassisch« hier für »irreversibel« steht. Meßergebnisse sind, wenn sie gewonnen sind, Fakten; sie sind dann unabänderlich geschehen. Das tiefe, noch nie genug verstandene philosophische Problem der Quantentheorie liegt aber darin, daß wegen des Superpositionsprinzips jede klassische, faktische Beschreibung des Geschehens nur eine Näherung ist. Wenn die Quantentheorie richtig ist, so ist die Wirklichkeit in Strenge niemals faktisch.

Ich erläutere das an der quantentheoretischen Kompositionsregel. Der Zustandsraum eines zusammengesetzten Objekts ist das Tensorprodukt der Zustandsräume seiner Teile. In diesem Gesamt-Zustandsraum besteht nur eine Menge vom Maß Null aus solchen Zuständen, in denen die Teilobjekte überhaupt in wohldefinierten Zuständen sind. Dies ist das Ende der Bemerkung für Physiker.

Ich folgere philosophisch: Wenn die Quantentheorie richtig ist, so ist, wie gesagt, die Wirklichkeit niemals in Strenge faktisch. Wenn die heutige Physik richtig ist, so ist der Objektbegriff selbst, auf dem eben diese Physik beruht, nur eine Approximation.

Für eben diese Physik aber, für die Quantentheorie, kennen wir heute keine Gültigkeitsgrenzen. Sie scheint alle anorganischen Vorgänge zu umfassen. Auch in der Biologie ist heute der Physikalismus, die Lehre von der Physik als einziger, hinreichender Fundamentaldisziplin, ständig erfolgreich. Ich fühle persönlich keinerlei Bedürfnis, den Physikalismus anzuzweifeln. Es fragt sich dann, ob die Quantentheorie auch auf psychische Vorgänge, auch auf das Bewußtsein anwendbar ist. Meine hypothetische Antwort lautet: ja.

Man muß fragen, was eine solche Hypothese bedeutet. Die Quantentheorie, völlig allgemein, also abstrakt formuliert, macht keinerlei Voraussetzungen des Inhalts, daß ihre Objekte Körper im Raum sein müßten. Sie ist eine Theorie der Wahrscheinlichkeitsprognosen für beliebige entscheidbare Alternativen. Nun gibt es eine Näherung, in welcher die Frage, in welchem Bewußtseinszustand ich morgen früh sein werde, z. B. vergnügt oder traurig, als eine irgendwie, z. B. durch Introspektion, entscheidbare Alternative formulierbar werden kann. In dieser Näherung sollte die Quantentheorie auf das Bewußtsein anwendbar sein. Mein Argument geht also, wie Sie sehen, nicht den »materialistischen« Umweg. Es sagt nicht: »Die Quantentheorie ist aufs Gehirn anwendbar, und Denken ist eine Gehirnfunktion.« Das Argument ist direkt: »Soweit mein Bewußtseinszustand Gegenstand einer logisch formulierbaren und faktisch entscheidbaren Alternative sein kann, wird er der abstrakten Theorie *aller* Prognosen für Alternativen, eben der Quantentheorie, genügen.«

Ich bekenne, daß ich den cartesischen Dualismus von Denken und Ausdehnung nie verstanden habe und daß ich ihn für die Folge eines logischen Fehlers halte. Er stilisiert den Unterschied zweier Rollen im Erkenntnisakt, des erkennenden Subjekts und des erkannten Objekts, zum Unterschied zweier Substanzen. Ausgedehnt heißt für Descartes das, was der einzigen klaren und distinkten Erkenntnis zugänglich ist, die nicht Selbstbewußtsein ist. Dies ist für ihn die mathematische, speziell die geometrische Erkenntnis. Für uns ist Mathematik abstrakter. Die Quantentheorie ist unsere Theorie mathematisierbarer Prognosen. Soweit ich mir selbst Objekt der Erkenntnis werden kann, sollte ich daher der Quantentheorie unterliegen. Ich füge freilich hinzu, daß mein Bewußtsein selbst vielleicht, soweit es der Quantentheorie genügt, in derjenigen Näherung, die wir die klassische nennen, als ausgedehntes Objekt (z. B. als Gehirn) wahrnehmbar werden muß.

Zuletzt habe ich mich ins Feld von Hypothesen begeben. Die bloße logische Möglichkeit dieser Hypothesen zeigt aber, daß die Quantentheorie ohne weiteres mit einer spiritualistischen monistischen Metaphysik vereinbar wäre. Wenn wir Philosophen sind, muß unsere erste Frage freilich nicht sein, ob wir eine solche Metaphysik glauben wollen. Die Frage muß vielmehr sein, ob wir wissen, was wir meinen, wenn wir eine solche Metaphysik als denkbar behaupten.

Ich nenne ein Objekt endlich, wenn es durch endliche oder abzählbar-unendliche Alternativen charakterisiert werden kann. Ich nenne ein erkennendes Subjekt endlich, wenn es in seiner Erkenntnis auf endliche Objekte beschränkt ist. Dann wäre die Quantentheorie die umfassendste uns bekannte Theorie endlicher Objekte. Sie wäre also die heutige Wissenschaft davon, wie die Welt endlichen Subjekten erscheinen muß. Wie finden wir uns selbst in dieser Welt vor?

3. Evolution

Wir sind Kinder der Natur. Die Natur ist älter als der Mensch. Aber der Mensch ist älter als die Naturwissenschaft. Diese Tatsache erlaubt unserer Philosophie einen Kreisgang, den die klassische Metaphysik nicht gehen konnte. Die klassische Philosophie kannte den Menschen als Wissenden, die Natur als Gewußte. Aber sie kannte nicht die Naturgeschichte des menschlichen Wissens. Die klassische Philosophie verschloß sich selbst die Fruchtbarkeit des Denkens in solchen Kreisen, weil sie sich am Paradigma der deduktiven Mathematik gebildet hatte: sie suchte zweifellose Anfänge und notwendige Folgerungen, wenngleich der Aufstieg zu den Anfängen die schwerste Arbeit war. Wir aber suchen jetzt den Kreisgang. Wir suchen die gegenseitige Erläuterung der Natur durch das Wissen und des Wissens durch die Geschichte der Natur. Auch dieser Kreisgang der Philosophie ist eine Bewegung in der Zeit.

In der Beschreibung der Evolution folge ich grundsätzlich der Darwinschen Theorie, im besonderen einigen Überlegungen von Konrad Lorenz und Karl Popper.

Die Evolution, ja das Leben überhaupt, ist gnoseomorph, erkenntnisförmig. Das heißt zunächst: die Evolution akkumuliert Information. Ich gehe jetzt nicht näher auf die Definition des objektiven Informationsbegriffs ein, der hierbei benützt wird. Ich bemerke nur, daß die überwiegende Wahrscheinlichkeit dieses Informationswachstums, wenn man genau argumentiert, nicht etwa dem Zweiten Hauptsatz der Thermodynamik widerspricht, sondern daß sie ebenso wie er eine Konsequenz des Wahrscheinlichkeitsbegriffs selbst ist, wenn man diesen zeitlich interpretiert. Evolution ist eine Form des Entropiewachstums. (Ich diskutiere also jetzt nicht die mit dem Vorzeichen der Entropie verbundenen Äquivokationen. Ich sage kurz: Entropie ist virtuelle Information.)

Meßbare Information ist jeweils nur unter einem Begriff definiert. Sie ist um so größer, je umfassender, also vager, der Begriff ist. Die Information eines Telegramms ist geringer unter dem Begriff »Nachricht in französischer Sprache«, größer unter dem Begriff »Folge lateinischer Buchstaben«, noch größer unter dem Begriff »Folge von Figuren«. So gemessene Information nennen wir objektiv. Sie ist Information für uns, die Forscher, und durch den Begriff so definiert, daß, bis auf die individuelle Einschätzungsstreuung, jeder Forscher dieselbe Zahl finden wird. Subjektiv würden wir Information nennen, wenn wir sie aus dem Verhalten eines einzelnen Individuums ablesen.

Objektiv ist z. B. die Information eines Chromosomensatzes unter dem Begriff »Erbgut«. Tierisches Verhalten hingegen ist eine Evolutionsstufe, auf der es zum erstenmal etwas gibt, was wir subjektive Information nennen könnten: der Informationsgehalt des Reizes für das Tier, den wir, die Forscher, aus der Reaktion des Tiers ablesen können. Dies ist die erste tierische Vorstufe der Erkenntnis.

Die einfachsten Verhaltensschemata kann man nun durch vier Merkmale charakterisieren, die ich nennen will: Allgemeinheit, Ja-Nein-Prinzip, Prävalenz des Positiven, Anpassung.

Allgemeinheit: Das Tier reagiert in für uns begrifflich beschreibbarer Weise auf einen für uns begrifflich beschreibbaren Reiz. Es reagiert typisch auf den Typus des Geschehens. Der Marder, der alle Hühner im Hühnerhaus tötet, obwohl er nur eines fressen kann, reagiert, antik gesagt, auf das Eidos »flatterndes Huhn«, nicht auf »dieses Huhn«. Genau dies ist kybernetisch zu erwarten. Je einfacher der Computer ist, desto typisierter, unindividueller muß der Reiz sein, den er noch erkennen kann.

Ja-Nein-Prinzip: Die einfachsten Reaktionsschemata leisten das Geforderte nur dann, wenn sie je nach Reiz entweder ablaufen oder nicht, ohne komplexe Zwischenstufen. Der Computer hat eine zweiwertige Logik.

Prävalenz des Positiven: Das etwas differenziertere Verhaltensschema reagiert gerade auf seltene Ereignisse; es hebt sie aus dem Chaos der Reize heraus. So ist auch in der Logik die Wahrheit einer speziellen, positiven Aussage ein seltenes, ein unwahrscheinliches Ereignis. Die Negation einer interessanten Aussage bezeichnet hingegen die uninteressante Normalität: »Die Welt ist voll von Nichtelefanten« (Bochenski).

Anpassung: Die Richtigkeit des Verhaltensschemas ist seine Angepaßtheit an die Lebensbedingungen. Diese Anpassung ist nicht die des Abbildes ans Urbild, sondern die des Schlüssels ans Schloß. Dem entspricht in der Logik die pragmatische Wahrheitstheorie. Die Wahrheit eines Urteils ist die Adäquation des Gedankens an den Sachverhalt. Das lese ich pragmatisch: die Wahrheit eines Urteils ist die Angepaßtheit der im Urteil vorgestellten möglichen Handlungsweisen an die Umstände.

Ich habe soeben von der Erkenntnisförmigkeit tierischen Verhaltens Gebrauch gemacht, um Verhalten durch Erkenntnis und Erkenntnis durch Verhalten zu erläutern. Es gibt also biologische Präliminarien zur Logik. Ich hebe jetzt nur eines hervor: Platon und Aristoteles hatten völlig recht, daß man nur das Eidos erkennen kann. Wenigstens die einfacheren Tiere können nur dies. Der Mensch kann dann freilich, zumal in unserer Hochkultur, die komplexe Leistung erbringen, den Einzelfall von den Begriffen zu unterscheiden, unter die er fällt. Irrigerweise hält dann die nominalistische Philosophie den Einzelfall für das elementare Datum. Vermutlich gibt es keine elementaren Daten.

Was aber hat dieses in Computer-Begriffen beschreibbare Verhalten mit Bewußtsein zu tun?

Chuangtse und Huitse gingen am Fluß spazieren. Chuangtse sagte: »Sieh, wie die Fische aus dem Wasser springen! Das ist die Freude der Fische.« Huitse warf ein: »Du bist nicht die Fische. Wie kannst du wissen, daß das die Freude der Fische ist?« Chuangtse erwiderte: »Du bist nicht ich. Wie kannst du wissen, daß ich nicht weiß, daß das die Freude der Fische ist?« Und nach einem weiteren logischen Schlagabtausch endete Chuangtse: »Ich erkenne die Freude der Fische aus meiner Freude am Zuschauen.«

Diese Umkehrung der Skepsis habe ich schon vorausgesetzt, als ich von der Quantentheorie sprach. Für uns bestehen Tiere und Computer aus Atomen. Auf dem Umweg über die Physik entscheiden wir endliche Alternativen über das Verhalten der Tiere und der Computer. Was sind die Tiere selbst?

Das Bewußtsein taucht im Lauf der Evolution aus dem Meer des Lebendigen auf. Die Evolutionstheorie hat uns gelehrt, daß Stufen, evolutive Ebenen, keine Substanzunterschiede bedeuten. Erst das zum Selbstbezug, zur Reflexion fähige menschliche Bewußtsein kann die Frage stellen: »Was ist Bewußtsein?«, und ebenso die Fragen »Was ist ein Objekt?«, »Was ist ein Lebewesen?«. Das Bewußtsein, das so fragt, erkennt sich heute selbst als eine evolutive Ebene, abgegrenzt gegen ältere Ebenen durch Leistungen, die nach unserer Kenntnis einer bestimmten Komplikationsstufe des organischen Apparats bedürfen; wohlgemerkt: einer Komplikationsstufe, die unsere heutigen Computer nicht besitzen. Vorgänge wie Wahrnehmung, Affekt, Handlung, die wir in unserem eigenen Verhalten durch urteilende Reflexion auseinanderhalten können, bilden im tierischen Verhalten eher ein Kontinuum. Wir haben Mühe, uns diese ihre Ungetrenntheit als psychischen Zustand vorzustellen. Der Begriff des Psychischen, des Erlebens selbst ist ein Produkt der Bewußtseinsstufe.

Wir helfen uns, indem wir uns die früheren Stufen als potentialiter bewußt, als evolutiv zur Bewußtseinsfähigkeit bestimmt ausmalen. Alles Seiende scheint durch ein geschichtliches Kontinuum mit dem Bewußtsein verbunden; indisch gesagt wäre alles Sat potentiell Chit. Alles uns überhaupt nachvollziehbare organische Verhalten ist uns affektiv nachvollziehbar; affektfreies Verhalten ist ein Menschenwerk. D. h. alles uns nachvollziehbare lebendige Verhalten »strebt nach Seligkeit«, ist potentialiter Ananda. Das ist die Lehre von der Freude der Fische. Sollten wir sagen, daß auch die Atome potentiell bewußt sind und nach Seligkeit verlangen? Aber Atome sind endliche Objekte. Das Atom ist ein Begriff menschlicher Handlungsmöglichkeit. Vermutlich gibt es Atome nur für uns. Vielleicht nur für uns Physiker am Ende des zweiten Jahrtausends der christlichen Ära. Wir müssen den vollen Kreisgang durchlaufen, vermutlich mehrmals. Wir müssen also nunmehr die kulturellen Prämissen unserer Naturwissenschaft anschauen.

4. Kultur

Wir philosophieren *heute*. Wir philosophieren nicht in der Ewigkeit. In der Zeit reden wir über die Zeit. Mitten im technischen Zeitalter fragen wir nach Herkunft und Sinn der Begriffe, die dieses Zeitalter uns aufdrängt.

Ich habe versucht, ein paar Begriffe zu einer lockeren

Struktur zusammenzufügen, die ich ein Baugerüst nenne. Ein Baugerüst hat keine festen Fundamente. Es klammert sich an den Bau, der mit seiner Hilfe errichtet wird. Und am Ende soll es wieder abgerissen werden. Der Bau wäre ein geschichtliches Verständnis des Menschen. Das Baugerüst besteht bisher aus vier Stockwerken, von unten nach oben gezählt: 1. die Einheit von Wahrnehmen und Bewegen, 2. das Gefüge der Zweckrationalität, 3. die Trias der neuzeitlich-kulturellen Pointierungen von Theorie, Moral und Kunst, 4. die Einheit der Wahrheit. Formal also ruht das Gerüst auf Einheit und gipfelt in Einheit; dazwischen gibt es vielheitliche Gliederungen.

Die Einheit von Wahrnehmen und Bewegen, von Reiz und Verhalten ist tierisches Erbe; ich habe sie soeben in ihrer differenzierten Struktur geschildert. Beim Menschen wird man vier Momente unterscheiden: Wahrnehmung, Urteil, Affekt, Handlung. Ich wiederhole ein altes Beispiel. Der Autofahrer *sieht* die entgegenkommende rote Kontur, *urteilt:* »ein Wagen auf der falschen Fahrbahn«, *erschrickt*, und *handelt* durch Vorbeilenken. Im alltäglichen Ablauf sind die Momente ungetrennt. Die Wahrnehmung ist prädikativ: ich sehe das Auto (ich sehe das Eidos!). Das Urteil ist affektiv: »O Schreck, auf der falschen Fahrbahn«; schon »falsch« ist ein affektiver Begriff. Wahrnehmung, Urteil, Affekt leiten, wenn sie Erfolg haben, bruchlos in die Handlung über.

Woher wissen wir eigentlich, daß unser Verhalten gerade diese vier Momente enthält? Einen Teil der Antwort gibt ein Blick auf die nächsthöhere Stufe, die Stufe des Nützlichen, oder wie man gelehrt sagt, der Zweckrationalität. Die schwebende Natur des »Baugerüsts« zeigt sich darin, daß immer wieder erst die höhere Stufe die Struktur der nächstniedrigeren wenigstens teilweise erklärt. Nun werden wir die unteren Stufen eher unseren Vorstellungen von der Natur des Menschen zuordnen, die höheren eher den geschichtlich gewordenen Ausprägungen der Kultur. Dann bedeutet aber der »schwebende« Charakter des Baugerüsts, daß in

Wahrheit unsere Vorstellungen von der Natur des Menschen selbst Produkt unserer geschichtlich gewordenen Kultur sind. Eben auf diese Tatsache zielt meine Darstellung.

Im Denkschema der Zweckrationalität stellen wir das handlungsentlastete Urteil über Tatsachen der Handlung gegenüber, zu der wir uns um eines vorgegebenen Zwecks willen entschließen. Hier treten die Begriffe auf, die wir in der Analyse der Wissenschaft benutzt haben. Das Urteil ist assertorisch: es stellt ein Faktum fest. Die Handlung kann vorweg gedacht und gewollt werden: sie vollzieht sich in einem Spielraum von Möglichkeiten. Urteilen, ohne zu handeln, ist eine Art Askese, eine Unterbrechung des natürlichen Reaktionsablaufs. Gerade diese Askese befähigt den Menschen, nicht zu reagieren, sondern zu agieren. In ihr wurzelt das Erlebnis der Freiheit.

Wir erhalten aber so nur eine unvollständige Auskunft über die vier Momente des Verhaltens. Indem das Licht auf das Paar Urteil-Handlung fällt, rücken Wahrnehmung und Affekt in den Schatten. Wahrnehmung bleibt eine unaufgeklärte Restkategorie; eben darum konnte die neopositivistische Wissenschaftstheorie in ihrer Anfangsphase auf die Idee verfallen, sinnliche Wahrnehmungen seien elementare Daten. In Wirklichkeit ist die Sinneswahrnehmung selbst eine hochkomplexe Leistung. Auch Affekt ist eine unbeleuchtete Restkategorie. Urteile sind diskutierbar, für Handlungen kann man Vorschriften geben. Der Affekt, die Emotion bleibt in jenem Schatten, den man in unserer Kultur gerne durch das Wort »subjektiv« der Diskussion entzieht. Wer den Anderen »emotional« nennt, verweigert im heutigen Sprachgebrauch schon fast die Kommunikation mit ihm – und selten ist ein Wort selbst so bitter emotionsbelastet wie das Wort »emotional«.

Eine Schranke des Denkschemas der Zweckrationalität ist, daß die Zwecke selbst nicht mehr verstanden, sondern, als »subjektiv« vorausgesetzt werden. Man spricht dann etwa von »Werten«. Und wenn man sieht, daß alle sogenannten

Werte unbegründet bleiben, daß unsere Wertbegriffe bodenlos sind, daß Urteil und Handlung, Verstand und Wille allein uns schließlich nur Wollen als Selbstzweck lehren, so spricht man von der ungelösten Sinnfrage.

Unsere Kultur kennt freilich große Werte, die über der Stufe der Nützlichkeit stehen. Drei Bereiche solcher Werte habe ich vorhin genannt. Ich sprach von Theorie, Moral und Kunst. Die traditionellen Namen der für sie leitenden Werte sind das Wahre, das Gute und das Schöne. Statt Moral hätte ich für philosophisch Gebildete besser den aristotelischen Begriff der Praxis gebraucht. Die aristotelische Poiesis deckt hingegen außer der Kunst auch die Technik, die wir eher der Zweckrationalität, also dem Wert des Nützlichen zuordnen würden.

Ich nannte Theorie, Moral und Kunst neuzeitlich-kulturelle Pointierungen. Neuzeitlich, also nicht selbstverständlich, nicht aus einer unterstellten Natur des Menschen herzuleiten. Vielmehr kulturell: Kunstprodukte. Pointierungen: Zusammenziehungen einer breiten Basis von Phänomenen auf eine jeweils schmale Spitze von Leistungen, drei Eiffeltürme.

Die Trias ist, so sagte ich, nicht aus der Natur des Menschen herzuleiten. Ich kenne keine mir einleuchtende systematische Begründung für sie. Vielmehr scheint sie mir zu bestehen aus einer Leitpointierung, nämlich der Theorie, und ihren kompensierenden Restpointierungen, zuerst der Praxis, dann der Kunst.

Theorie ist, so empfinde ich, das eigentümliche Kunstwerk der abendländischen Kultur, das sie von allen anderen Kulturen unterscheidet. Inder und Japaner haben mir gesagt: »Stärke und Grenze eurer Kultur ist die Herrschaft der aristotelischen Logik.« Mein heutiger Vortrag handelt von der Theorie, macht sie zum Thema. Wir haben sie zuerst als die deduktive Mathematik der Griechen zu Gesicht bekommen, und als die schwesterlich zu ihr entstandene Metaphysik. In der Neuzeit hat sich die Naturwissenschaft voll entwickelt, der die Mathematik nicht nur Paradigma, sondern Instrument ist. Geistes- und Sozialwissenschaften haben sich, in Absetzung oder Anwendung, an der Naturwissenschaft orientiert. Der Kernbegriff der Theorie ist das Wahre, dem das Falsche gegenübersteht: die zweiwertige Logik.

Im Kreisgang haben wir begonnen, wissenschaftlich, nämlich evolutionstheoretisch, die biologischen Präliminarien zur Logik zu studieren: ein Anfang einer gegenständlichen Theorie der Theorie. In diesem biologischen Vorspiel lernen wir die funktionale Nützlichkeit der Ja-Nein-Entscheidungen würdigen, man kann auch sagen: ihre Machtförmigkeit. Eben dadurch werden wir aber zur Skepsis gegenüber ihrer metaphysischen Wahrheit erzogen. Lorenz und Popper freilich, die ihre Philosophie als »Realismus« bezeichnen, meinen, eben nur dasjenige Verhalten setze sich in der Evolution durch, welches der Realität angepaßt sei. Aber wer Quantentheorie gelernt hat, sieht, daß dieses Argument nicht weit genug trägt. Aussagen über klassische Messungen, über Feststellungen irreversibler Fakten genügen der klassisch-zweiwertigen Logik; daraus folgt nicht, daß dies auch für die Beschreibung der Möglichkeiten gilt. Die Quantentheorie freilich bleibt Theorie. Sie korrigiert zu enge Alternativen durch umfassendere Alternativen und den Determinismus durch mathematisierte Wahrscheinlichkeitsprognosen. Sie erweist die Theorie als ein offenes Näherungsverfahren.

Praxis ist zunächst eine von Theoretikern erfundene Restkategorie zur Bezeichnung der Normalität. Die Welt ist voll von Nichtelefanten, das menschliche Leben ist voll von Nichttheorie; das nennt man Praxis. Die Theorie beginnt aber alsbald, die Strukturen der Praxis zu studieren und sie damit auf das binäre Schema des Wahren und Falschen umgestaltend abzubilden. Aristoteles grenzt, sehr klug, unter dem Namen Praxis dasjenige ein, das sein Telos, seinen Sinn und Zweck, in sich selbst trägt; der Rest heißt Poiesis. Der Leitwert der Praxis heißt nun das Gute. In der christlichen Kultur verbindet sich dies mit dem Geschenk der Juden an die Menschheit, der leidenschaftlichen Unterscheidung des Guten und Bösen. Die Moral, die sich als Pointierung auf dieser Basis erhebt, ist von Anfang an vorwiegend politische Moral. Wirtschaftliche und politische Macht ist ein Humanum, eine erst dem Menschen mögliche prinzipiell unbegrenzte Akkumulation von Mitteln für Zwecke gesellschaftlicher Durchsetzung; sie ist, von der Natur her gesehen, ein weltverwandelnder kultureller Luxus. Das Pathos der politischen Moral ist gleichsam ein Gegenluxus gegen die luxurierende Macht. Die Aufklärung der europäischen Neuzeit rationalisiert die Moral, gibt ihr damit einen erklärbaren Anspruch der Allgemeingültigkeit und folglich eine gewaltige politische Stoßkraft. Das ist ein Sieg der Theorie im Felde der Praxis. Die Ambivalenzen bleiben nicht aus. Die Überzeugung, für das Gute zu kämpfen, rechtfertigt viele Verbrechen. Selbstgerechte Theorie wird unwahr. Selbstgerechte Moral wird böse.

Kunst ist eine spezielle Pointierung in einem Bereich, der weder Theorie noch Moral ist. Gesang, Tanz und Flötenspiel, Schnitzwerk und Baukunst, Erzählung und Drama gibt es seit Menschengedenken. Daß all dies Kunst sei, ist eine kluge Entdeckung der Theorie. Was aber Kunst eigentlich ist, hat die Theorie, so scheint mir, nie wirklich zu sagen vermocht. Als Latte im Baugerüst biete ich die hausgemachte Formel an: Kunst ist die beseligende Wahrnehmung von Gestalt durch die Schaffung von Gestalt. Wer angesichts der heutigen Erdbeben das Adjektiv »beseligend« nicht gebrauchen will, dem biete ich als Alternative »seismographisch« an; um Schwingung geht es in beiden Fällen. Urteilende Theorie und gebietende Moral sind machtförmig. In die Kunst rettet sich in unserer Kultur die absichtslose Wahrnehmung, der unbeurteilte Affekt. Kunst ist heute, sozial gesehen, die private und darum geduldete Zuflucht vor der Willens- und Verstandeswelt. Es käme aber darauf an, zu sehen, daß sie uns Wahrheit zeigt, die der Theorie und der Moral entgeht. Ich machte dazu nur eine, philosophische, Bemerkung. Der große Mathematiker Gauß schrieb einmal in einem Brief von der »unnennbaren Satisfaktion der wissenschaftlichen Arbeit«. Mathematik ist Wahrnehmung von Gestalt durch intellektuelle Erzeugung von Gestalt; wenn sie auch beseligend ist, so ist sie Kunst. Philosophie aber entstand unter dem Paradigma der Mathematik. Kunst, der Luxus von Gestalt, ist vielleicht ein Oberbegriff auch über Theorie und Moral.

Die Einheit der Wahrheit haben wir so nicht zu Gesicht bekommen. Sie zu denken, war der Anspruch der Metaphysik. In der sozialen Realität der Kulturen hat eine andere Macht die Einheit bewahrt: die Religion. Geht man ins Einzelne, so kann man, in der heutigen Sprechweise, vielleicht vier gesellschaftliche Rollen der Religion unterscheiden: Religion als Träger einer Kultur, als Theologie, als radikale Ethik, als innere Erfahrung.

Religion als Träger einer Kultur ist ein Ausdruck der Retrospektive. Als die Religion unsere Kultur trug, wurde sie nicht funktional als Kulturträger verstanden, sondern direkt als Wahrheit, als die Allgegenwart des Göttlichen. Die drei weiteren Rollen aber sind Versuche, in einer Welt der erschütterten Tradition das Eigentliche der Religion herauszuheben.

Theologie ist die Bestimmung des Wahren und Falschen in der Religion, sie ist Theorie. Theologie ist zunächst der terminologische Name des Herzstücks der Metaphysik. Christliche Theologie, so möchte ich wagen zu sagen, ist der Kampf zwischen dem griechischen Geschenk an die Menschheit, der Aufklärung von Wahr und Falsch, und dem jüdischen Geschenk, der Offenbarung von Gut und Böse. Aufklärung und Offenbarung – zwei Lichtmetaphern.

Radikale Ethik ist, in meiner jetzigen Sprechweise, zunächst Moral. Bei Platon wie bei den jüdischen Propheten ist sie politische Moral. Hinter ihr steht aber noch eine ganz andere Erfahrung: die luxurierende, beseligende Selbstverleugnung der Asketen. Nichts Großes geschieht ohne einen seelischen Überfluß. Die unwidersprechliche Wahrheit der Bergpredigt manifestiert sich nicht zuerst in ihren Imperativen, sondern im Indikativ der Seligpreisungen.

Wir sind damit auf die innere Erfahrung verwiesen. Wir sind wieder in dem dritten, von Urteil und Handlung, von Theorie und Moral nicht ausgeschöpften Bereich. Innere Erfahrung der Religion ist Glaube, Kultus, Gebet, auch Verzückung; sie ist die Wandlung der Person. Die Erinnerung an die Asketen führt uns historisch auf eine dritte Lichtmetapher, ein drittes Geschenk an die Menschheit: die indische Erleuchtung der Ungeschiedenheit der Gegensätze, der Erfahrung des Einen.

Vom griechischen Versuch, das Eine zu denken, bin ich ausgegangen. Also hat sich der Kreisweg einmal geschlossen.

Wir philosophieren heute. Ich kenne heute niemanden, der sagen könnte, wie Zeit, Physik und Metaphysik, oder wie Aufklärung, Offenbarung und Erleuchtung zusammengehören. Vielleicht wird unsere nächste Erfahrung nicht kontemplativ, sondern die selbsterzeugte Krise der politischen Geschichte, der machtförmigen Kultur sein.

Fünftes Kapitel
Die Wissenschaften

1. Einteilung

In welcher Ordnung wollen wir die Wissenschaften betrachten? Haben sie eine natürliche Einteilung?

Die Metaphysik, von der wir im vorigen Kapitel historisch ausgingen, hoffte auf einen Aufbau des Wissens von festen Ausgangspunkten bis zur Fülle der Einzelheiten. Ihr Beispiel für solches Wissen war die deduktive Mathematik. Aber als wir uns dann in jenem Kapitel der Gegenwart zuwandten, fanden wir statt dessen die Herrschaft der Empirie. Wissenschaft, wie sie sich heute versteht, beruht auf Erfahrung. Sogar ihre Einteilung verdankt sie den Gegenständen ihrer Erfahrung. Aber eben diese Gegenstände lernt sie erst forschend kennen. Die Einteilung der Wissenschaften ist selbst erst ein Produkt der Wissenschaft. Deshalb dort (Anfang des 2. Abschnitts im Vierten Kapitel) die Sätze: Die Einheit der Wissenschaft liegt nicht in ihrer Methode, sondern im Inhalt ihrer zentralen Theorien. Das philosophisch Relevante an der heutigen Wissenschaft ist deshalb nicht die Wissenschaftstheorie, sondern die Wissenschaft selbst, in ihren Inhalten.

Es mag lehrreich sein, mit einem historischen Rückblick auf die Einteilungen der Wissenschaften zu beginnen.

Die europäische Universität war jahrhundertelang in vier Fakultäten eingeteilt: die theologische, die juristische, die medizinische und die philosophische Fakultät. Die drei ersten Fakultäten (die »oberen« Fakultäten, wie noch Kant im »Streit der Fakultäten« sagt) vermittelten Berufsausbildungen. Sie bereiteten zum Dienst an der Gesellschaft vor: Theologie in der Kirche, Jura im Rechts- und Staatswesen, Medizin am Leib des einzelnen Menschen. Die »untere«, philosophische Fakultät vermittelte die allen gemeinsam notwendigen Denkmittel und Kenntnisse. Ursprünglich umfaßte sie die sieben »freien Künste« (artes liberales, »Artistenfakultät«), welche schon antiken Ursprungs sind: als höhere das bereits pythagoreische Quadrivium (der »Vierweg«), die vier mathematischen Wissenschaften, nämlich Arithmetik, Geometrie, Astronomie, Musik; als untere das Trivium (der »Dreiweg«) von Logik, Grammatik, Rhetorik, also die Strukturen des Sprechens (was nur hierauf beruht, heißt dann »trivial«). Später kam die wachsende Menge der Geistes- und Naturwissenschaften hinzu: Philosophie, Geschichte, Physik, Chemie... Ich habe noch 1933 mit einer physikalischen Dissertation den Grad als »Doktor der Philosophie« erworben. Seit dem 19. Jahrhundert traten neben die Universitäten die Technischen Hochschulen: angewandte, meist naturwissenschaftliche Fächer. Daneben künstlerische Hochschulen, und mancher Praxisbezug.

Wie gliedert sich die Vielzahl dieser Bereiche? Einen Ansatz bietet die klassische Einteilung in Praxis und Theorie, wobei die Theorie zunächst die dienende Rolle der Vorbereitung auf die Praxis hat. Praxis als Ziel: Theologie, Jura, Medizin, Technik. Theorie als Mittel: Sprachformen, Mathematik, Geistes- und Naturwissenschaft. Aber ein Anspruch geistiger Dominanz der Theorie hält sich in zweieinhalb Jahrtausenden abendländischer Geschichte durch, früh in Platons Konzept der »Philosophenkönige« formuliert. Im Christentum verstand die Kirche sich als wissend; deshalb war die theologische Fakultät die erste im Rang. Mit der Aufklärung geht dieser Anspruch nach und nach auf die Wissenschaften der philosophischen Fakultät über. Zunächst sind es die Geisteswissenschaften: Philosophie, Philologie der klassischen Kultur, Geschichte als Lehrmeister der Politik. Dann erweisen die Naturwissenschaften ihre technische Macht und stellen zugleich, beginnend mit dem 17. Jahrhundert, auch einen Anspruch philosophisch fundamentalen Wissens.

All dies sind zunächst historische Gliederungen, entstanden aus dem jeweiligen Wissen und dem jeweiligen Gesellschaftszustand unserer Kultur. Welche theoretisch begründete Gliederung bietet unser heutiges Wissen an? Ich erläutere alsbald die Einteilung, die ich selbst in diesem Buch gewählt habe.

Zunächst mache ich den Unterschied zwischen »positiven Wissenschaften« und dem »Versuch, die Einheit zu denken«. Die positiven Wissenschaften sind Gegenstand des jetzigen, Fünften Kapitels. Ich teile sie in drei Bereiche ein: Strukturwissenschaften, Naturwissenschaften, Humanwissenschaften. Strukturwissenschaften sind Mathematik und Logik; die von ihnen studierten Strukturen finden wir zwar auch im Hergang der Erfahrung vor, untersuchen sie aber als reine Strukturen, »a priori«. Der Unterschied von Natur- und Humanwissenschaften durchzieht unser heutiges geistiges Leben. Inhaltlich definiere ich Humanwissenschaften als Wissenschaften vom Menschen, Naturwissenschaften als Wissenschaften von der uns bekannten Wirklichkeit überhaupt, nicht auf den Menschen beschränkt, aber auch auf ihn anwendbar. Der Gegensatz zwischen »Geist« und »Materie« erweist sich dabei als eine praktisch bequeme, grundsätzlich gesehen aber noch oberflächliche Unterscheidung. Innerhalb der Naturwissenschaft gibt es dann eine analoge Unterscheidung, die ich im jetzigen Kapitel durch die beiden Leitwissenschaften der Physik und der Biologie bezeichne. Biologie ist Wissenschaft vom Leben, Physik aber Wissenschaft von allgemeinen Grundgesetzen, die nicht auf die uns als Leben bekannten Phänomene eingeschränkt sind. An die Naturwissenschaften schließt ein Abschnitt über Technik an. In den Humanwissenschaften hat sich u. a. der Unterschied der klassischen, »hermeneutischen« Geisteswissenschaften und der Sozialwissenschaften herauspräpariert, den ich – nicht ohne Skepsis – besprechen werde.

Dem folgen, in besonderen Kapiteln, Philosophie und Theologie.

2. Mathematik und Logik

Mathematik dürfte die älteste aller Wissenschaften sein – gemeinsam mit ihrer lebenspraktischen Anwendung auf Zählen und Rechnen, auf Erdvermessung, auf architektonische Konstruktion, auf den Lauf der Sterne, die unser Schicksal zu bestimmen scheinen. Die Babylonier wandten den pythagoreischen Lehrsatz schon tausend Jahre vor Pythagoras an. Bauten wie Stonehenge verweisen auf mathematische Konstruktionen in der Megalithkultur des dritten vorchristlichen Jahrtausends.* Der griechische Name »Mathematik« bedeutet schlicht »Wissenschaft« (*manthano:* ich lerne; *mathesis:* lernbares Wissen). Die Griechen entwickelten dann, geschwisterlich zur Philosophie, die *deduktive* Mathematik: die logische Herleitung der Theoreme aus wenigen Voraussetzungen. Dem Pythagoras wurde nicht die empirische Entdeckung, sondern der *Beweis* seines Satzes zur Ehre angerechnet.**

In der Kultur der abendländischen Neuzeit spielt die Mathematik eine nach außen nicht voll sichtbare zentrale Rolle, die sich in drei sukzessiven Schritten zeigen läßt. Die Wissenschaften können als der harte Kern der Neuzeit bezeichnet werden. Der harte Kern: nicht das höchste Ideal, nicht das Ziel der Träume, aber das unerschütterlichste Ergebnis, und damit der Ursprung der Macht. Die Naturwissenschaft enthüllt sich dann als der harte Kern der Wissenschaften: nicht das wichtigste Thema, aber das Modell zwingender Schlußfolgerungen. Mathematisch formulierbare Gesetze sind schließlich der harte Kern der Naturwissenschaft: nicht das wichtige Detail, aber die Form der Allgemeingültigkeit.

* B.L. van der Waerden, *Geometry and Algebra in Ancient Civilizations*, Berlin 1983.

** Pythagoras soll den Göttern als Dank für seine Entdeckung eine Hekatombe geopfert haben. Heinrich Heine sagt dazu: »Pythagoras hat den Göttern für seinen Satz hundert Ochsen geschlachtet. Seitdem erheben bei jedem neuen Gedanken alle Ochsen ein mörderisches Gebrüll.«

So scheint die Mathematik den Kern neuzeitlichen Wissens zu härten, zu umschließen.

Inhalt und Deutung von Mathematik und Logik bilden das umfangreichste Thema der beiden vorbereiteten Bände von *Zeit und Wissen* (dort jeweils vor allem die Kapitel 5. und 6.). Die Ergebnisse dieser Studien kann ich hier nur knapp referieren.

A. Darstellung

Was lehrt die Mathematik? Fragt man, was ihre Gegenstände seien, so bekommt man traditionell eine Antwort wie »Zahl und Figur«. Also, in Wissenschaftsnamen, *Arithmetik* und *Geometrie*. Die griechische Mathematik wurde deduktiv aufgebaut. So bedurfte sie als Hilfsmittel der *Logik*. Schon in der Gestalt der aristotelischen Syllogistik und unübersehbar in der Neuzeit seit dem 19. Jahrhundert bekam die Logik selbst die Form einer mathematischen Disziplin. Die »Formalisierung« der Mathematik schließt an eine weitere mathematische Disziplin an, die *Algebra*.

Was sind die unterscheidenden Sachgehalte dieser vier Disziplinen? Und was ist es, das sie gemeinsam als mathematische Disziplinen auszeichnet?

Die *Zahl* haben wir soeben als Gegenstand der Arithmetik genannt. Daß man zählen kann, ist eine menschliche Grunderfahrung. Man zählt alles, was mehrfach, aber individuell unterscheidbar vorkommen kann: physische Gegenstände, aber auch Handlungen, Worte, Begriffe, Strukturen. Man zählt in der *Zeit:* Eins, zwei, drei, vier, ... Die Gesetze des Operierens mit Zahlen aber hängen nicht von der Zeit und nicht von den gezählten Gegenständen ab; zwei mal zwei ist immer vier. Woher wissen wir das? Aus Erfahrung? Jedes mathematisch begabte Kind erlebt die Unausweichlichkeit dieser Gesetze. Gut, daß zwei mal zwei Steinchen vier Steinchen sind, kann man nachzählen. Aber daß $17 \times 19 = 323$

ist, weiß ich auch zuverlässig, und ich habe nie siebzehn Häufchen von je neunzehn Steinen oder Münzen durchgezählt. Arithmetische Einsicht ist das elementarste Beispiel für das, was Philosophen Erkenntnis a priori nennen. Wie kann es Erkenntnis a priori geben?

Die Zahlen, mit denen man zählt, nennen die heutigen Mathematiker »natürliche Zahlen«. In ihrem Bereich kann man die vier Grundrechnungsarten erklären. Es gibt andere Gegenstände der Mathematik, in denen diese Rechnungsarten noch uneingeschränkter angewandt werden können. Sie haben historisch ihren Ursprung im zweiten Gegenstandsbereich, den wir als *Figur* bezeichnet haben, dem der Geometrie. Die Antike bezeichnete die meisten von diesen Gegenständen der Rechnung als Verhältnisse, Proportionen, so das Längenverhältnis zweier Strecken. In der Neuzeit hat man diese Gegenstände auch als »Zahlen« bezeichnet, so gebrochene, irrationale, transzendente Zahlen, auch neben diesen »reellen« die »komplexen« Zahlen, das sind Paare reeller Zahlen mit spezieller Rechenregel. Geo-metrie bedeutet wörtlich zunächst Erdvermessung. Den Bereich, in dem Figuren definiert sind, nennt man in der Neuzeit den *Raum*.

Das wesentliche auszeichnende Merkmal der Figuren in Vergleich mit den natürlichen Zahlen ist die Kontinuität. *Kontinuum* definiert Aristoteles als das, was unbeschränkt in Gleichartiges geteilt werden kann. Die Teile eines Kontinuums kann man nicht zählen; man kann aber Kontinua *messen*. Als Lehre vom Kontinuum wurde seit dem 17. Jahrhundert die *Analysis*, die Differential- und Integralrechnung entwickelt. Auch Geometrie und Analysis erweckten den Eindruck der überempirischen Evidenz ihrer Aussagen. Für Kant sind Raum und Zeit unsere Anschauungsformen a priori und ist Mathematik das Ergebnis der begrifflichen Konstruktion in diesen Formen unserer Anschauung.

Etwa mit dem Beginn des 19. Jahrhunderts setzt in der Mathematik, gleichzeitig mit einem ständig zunehmenden

Wachstum in die Breite, eine kritische Rückfrage nach der Zuverlässigkeit ihrer Grundlagen ein. Die Apriori-Gewißheit der Geometrie wurde zuerst am Beispiel des euklidischen Parallelenpostulats in Zweifel gezogen. Der Entwurf anscheinend widerspruchsfreier nichteuklidischer Geometrien (von Gauß vorausgesehen, von Bolyai, Lobatschewski, Riemann vollzogen) führte über zwei neue Fragen in zwei verschiedene Gebiete. Die erste Frage: »Ist der ›wirkliche‹ Raum, in dem sich die physischen Körper bewegen, euklidisch oder nichteuklidisch?« führte in die Physik, wo sie im 20. Jahrhundert von Einstein beantwortet wurde. Die zweite Frage: »Ist nichteuklidische Geometrie widerspruchsfrei?« führte in die Arithmetisierung der geometrischen Begriffe, in die Mengenlehre und die Logik.

Eine *Menge* oder *Klasse* kann man als eine Gesamtheit von Gegenständen erklären, die unter einen bestimmten *Begriff* fallen. Cantor, der die Mengenlehre erfand, benützte sie u. a., um den Begriff des Kontinuums und damit die Grundlagen der Analysis aufzuklären. Er verstand ein Kontinuum als eine unendliche Menge von Punkten. Damit wurde der Begriff der *Unendlichkeit* thematisiert. Das einfachste Beispiel einer unendlichen Menge sind die natürlichen Zahlen. Mein Sohn Heinrich, der später Mathematiker wurde, fragte mich im Alter von fünf Jahren: »Das Zählen hört nie auf. Aber was macht man dann am Ende?« Aristoteles und noch Gauß verstanden diese Unendlichkeit als *potentiell:* man kann immer weiter zählen. Cantor verstand sie als *aktual:* die Menge der natürlichen Zahlen ist aktual unendlich. Den Aristotelikern, die sagten, noch nie habe jemand alle diese Zahlen gesehen, erwiderte er, die Menge der von Menschen real gezählten Zahlen sei stets endlich, aber erweiterbar; die Menge aller *möglichen* Zahlen aber sei eben darum unendlich, und der *Begriff* »Zahl« umfasse, wie jeder Begriff, alle unter ihn fallenden *möglichen* Objekte.

Die Frage blieb aber, ob der Begriff der Menge selbst widerspruchsfrei gefaßt werden könne; und es zeigte sich, um 1900 herum, daß er in Cantors »naiver« Fassung in der Tat Widersprüche erzeugte. Diese Fragestellung führte in die *Logik*. Diese war auch schon eine Schöpfung der Griechen. Richtige *Schlüsse*, im prüfbaren Unterschied zu falschen Schlüssen, sind der historisch primäre Gegenstand der Logik. Als Teilglieder in Schlüssen treten *Urteile* (Aussagen) und *Begriffe* auf. Der Bereich, in dem Schlüsse, Aussagen und Begriffe vorkommen, ist zunächst die *Sprache*, das sprachlich artikulierbare Denken. Aber nicht alle Lehre von der Sprache oder Verwendung der Sprache ist Logik. Zwischen der unermeßlichen Fülle sprachlicher Formen, welche die Linguistik studiert, und der unermeßlichen Fülle inhaltlicher Aussagen, welche die Sprache zuläßt, erscheint die Logik wie ein Flaschenhals von Einfachheit. Sie gewinnt die Einfachheit und Härte einer mathematischen Disziplin durch das Kriterium der *Wahrheit* und *Falschheit*. Sprachliche Äußerungen gelten als Urteile, wenn sinnvoll behauptet und womöglich entschieden werden kann, daß sie wahr oder falsch sind. Eine Schlußform ist richtig, wenn sie nie von einem wahren Urteil zu einem falschen Urteil führen kann.

Schon Aristoteles hat der Logik der Schlüsse (»Syllogistik«) eine abstrakte, quasi-mathematische Gestalt gegeben. Seit dem 19. Jahrhundert war die Logik nicht nur eine Voraussetzung, sondern, als »mathematische Logik« zugleich ein Gegenstand der Mathematik. Dies hängt zusammen mit der vierten eingangs genannten mathematischen Grunddisziplin, der *abstrakten Algebra*. Vorhin habe ich, beim Übergang von der natürlichen Zahl zum Kontinuum, von Gegenständen der Mathematik geredet, die man heute »Zahlen« nennt, weil sie denselben oder ähnlichen Regeln des formalen Operierens genügen wie die natürlichen Zahlen, die aber inhaltlich anders definiert sind als die natürlichen Zahlen, z. B. als Längenverhältnisse in der Geometrie. Abstrakte Algebra ist die Kunst des Umgangs mit solchen Gegenständen, für welche lediglich Operationsregeln vorausgesetzt werden, ohne daß ihnen überhaupt eine inhaltliche Definition gegeben werden müßte. Eine Menge solcher Gegenstände mit Operationsregeln ohne inhaltliche Deutung kann man eine (abstrakte) *Struktur* nennen. Die reiche Entwicklung der Mathematik in unserem 20. Jahrhundert bedeutet vorwiegend das Studium immer weiterer abstrakter Strukturen und ihres Zusammenhangs untereinander (z. B. »Kategorien«).

B. Reflexion

Die philosophische Frage, was die Mathematik denn eigentlich erkenne, ist von den Mathematikern im Anfang des 20. Jahrhunderts weitgehend selbst mit mathematischen Hilfsmitteln studiert worden. Vor allem drei Schulen sind hervorgetreten, die man meist Formalismus, Logizismus und Intuitionismus nennt.

Der *Formalismus* kann wohl als die heute verbreitetste Auffassung bezeichnet werden. Seine strikte Fassung geht auf David Hilbert und dann auf die unter dem Sammelnamen »Bourbaki« schreibende französische Schule zurück. Man kann den Formalismus als die Reduktion der Mathematik auf das Studium abstrakter Strukturen auffassen. Hilbert hat in seinem klassischen Buch *Grundlagen der Geometrie* die Evidenz der Geometrie auf die Durchsichtigkeit ihrer logischen Struktur reduziert, welche gestattet, festzustellen, welche Theoreme aus welchen Axiomen logisch folgen, ohne daß mit den dabei verwendeten Gegenstandsnamen (wie z. B. »Punkt«, »Gerade«, »Ebene«) überhaupt eine inhaltliche Vorstellung verbunden werden müßte, welche Anlaß gäbe, die Axiome selbst als »wahr« oder »falsch« zu bezeichnen.* Freilich erfordert der formalistische Aufbau dann im Prinzip den Nachweis, daß die willkürlich einge-

* Hilbert soll gesagt haben: »Statt ›Punkt, Gerade, Ebene‹ hätte ich ebensogut sagen können: ›Liebe, Gesetz, Schornsteinfeger‹.«

führten Axiome keine logischen Widersprüche implizieren. Der inhaltliche, z. B. physikalische Sinn einer solchen Geometrie wird als »Anwendungsproblem« aus der formalistischen Mathematik ausgeklammert.

Der *Logizismus* von Frege und Russell versucht, der ganzen Mathematik einen einheitlichen inhaltlichen Sinn als System von Aussagen über logische Grundbegriffe zu geben. Fundamental ist dabei die Definition der natürlichen Zahl als Klasse äquivalenter Klassen. In normalmenschlicher Umgangssprache ist die Zahl (»Anzahl«) dann diejenige Eigenschaft, welche alle Mengen gemeinsam haben, deren Elemente man einander eins-zu-eins zuordnen kann; wie wenn etwa bei einer Tanzveranstaltung gerade so viele Herren und so viele Damen da sind, daß jeder und jede je genau einen Partner findet.

Wenn es gelänge, auf diese Weise rein logisch Mengen, Zahlen und Strukturen zu definieren, so wäre das Problem der Apriori-Evidenz der Mathematik auf das Problem der Apriori-Evidenz der Logik reduziert. Aber der logizistische Aufbau der Mathematik war kein voller Erfolg. Russells Paradoxie (1903) zeigte, daß der naiv eingeführte Mengenbegriff auf einen Widerspruch führt.* Man führte dann Axiome der Mengenlehre ein, welche genau die bekannten Widersprüche vermeiden. Die inhaltliche Evidenz dieser Axiome ist wohl umstreitbar. Der Versuch, für ein solches Axiomensystem formal streng zu beweisen, daß aus ihm formal kein Widerspruch folgen kann, scheitert an einem Satz von Gödel, daß es in jedem hinreichend reichen formalen System inhaltlich einsehbare Sätze gibt, die formal innerhalb des Systems unbeweisbar sind, und daß insbesondere die Widerspruchsfreiheit des Systems, gerade wenn sie be-

* Heiße M die Menge aller Mengen, die sich nicht selbst als Element enthalten. Enthält M sich selbst als Element? Wenn nein, so ist sie eine Menge, die sich nicht als Element enthält, also ein Element von sich. Wenn ja, so ist sie eine der Mengen, die sich nicht selbst enthalten, also kein Element von sich.

steht, formal im System unbeweisbar ist. Ich habe mit Gödel über die philosophische Bedeutung seines Resultats gesprochen. Er sah darin keineswegs eine Entwertung mathematischer Erkenntnis. Im Gegenteil: er sah in der Mathematik eine intuitive Erkenntnisweise, die, gemäß seinem Theorem, niemals auf eine Lösung inhaltlich ungedeuteter Aufgaben in einem Kalkül reduziert werden kann.

Der *Intuitionismus* von Brouwer, auf den auch der *Konstruktivismus* z. B. von Lorenzen zurückgeht, verbietet die Einführung von Mengen, deren Elemente nicht sämtlich durch eine angebbare intellektuelle Konstruktion definiert werden können. Brouwer beginnt seinen ersten Aufsatz über das Thema mit der Zeile:

»1, 2, 3, 4, 5, 6, 7, ...«

Er weist damit auf die Ur-Intuition des Zählens hin, die sich in der Anschauungsform der Zeit vollzieht und evidenter ist als jede sprachliche oder auch logische Regel. Hiermit wird eine unanfechtbare, aber gegenüber der klassischen Mathematik eingeschränkte »konstruktive« Mathematik begründet. Hilbert entwickelte sein formalistisches Programm mit dem Ziel, diese Enge zu überwinden; »wir lassen uns aus dem Paradies der Analysis nicht vertreiben«. Er stieß damit aber auf die oben angedeuteten Schwierigkeiten.*

Das Verhalten heutiger kreativer Mathematiker zu den soeben skizzierten »Grundlagenproblemen« der Mathematik ist nach meiner Beobachtung ziemlich distanziert. Man arbeitet in einem überschaubaren Teilbereich der Mathematik, findet schöne Sätze, prägt u. U. neue Begriffe und macht die Erfahrung, daß dabei normalerweise, wenn man keine Fehler macht, auch keine Widersprüche auftreten. Meinem Empfinden nach ist dies nicht nur die legitime Horizontbe-

* Als etwa 1924 Brouwer in Göttingen im Beisein Hilberts sein intuitionistisches Programm vortrug und als ein Teilnehmer danach um eine Diskussion bat, soll Hilbert gesagt haben: »Wer nach einem solchen Vortrag nicht schweigend nach Hause geht und mehrere Wochen nachdenkt, ehe er darüber redet, der hat kein Wort verstanden.«

schränktheit des wackeren Handwerkers. Ich zweifle vielmehr, ob der Versuch des großen Gesamtaufbaus der Mathematik aus einem Prinzip überhaupt schon die richtige Frage gestellt hat.

Ich nenne das, was die Mathematiker studieren, einmal mit einem noch nicht scharf definierten Wort »Strukturen«. In *Zeit und Wissen* (Kap. I.5.4) werde ich, als »bloße Gleichnisreden«, als Herausforderung für eine noch nicht geschaffene Philosophie, vier »aufsteigende Sätze« formulieren:

1. Logik ist die Mathematik von Wahrheit und Falschheit.
2. Mathematik ist die Theorie der Strukturen.
3. Theorie ist die Kunst des Wahren und Falschen.
4. Kunst ist die Wahrnehmung von Gestalten durch Schaffung von Gestalten.

Von dem in diesen Sätzen Gemeinten habe ich im jetzigen Buch im Dritten Kapiel, 27, einen historischen Gebrauch gemacht. Mathematik ist hier als eine Kunst definiert. Struktur ist eine unter Kriterien der Wahrheit und Falschheit erklärte Gestalt. Gestalt wird wahrgenommen, indem wir die mögliche Gestalt selbst schaffen. Mathematik konnte zum Paradigma sowohl der am Überzeitlichen orientierten griechischen Metaphysik wie des neuzeitlichen Fortschrittsglaubens werden, durch die Dualität von Wahrnehmung und von Schaffung der Gestalt.

Die griechische Mathematik beruhte auf der Entdeckung des deduktiven Systems, das in der euklidischen Geometrie durchgeführt wurde. Dies wurde zum Vorbild der philosophischen Systeme. Es wurde auch Ausgangspunkt der Meinung, Mathematik selbst sei ein einheitliches System; diese Meinung bestimmt den logizistischen Aufbau. Aber die euklidische Geometrie war doch nur eine große Superstruktur inmitten einer reicheren Mathematik. Es ist nicht klar, daß Mathematik als ganze ein hierarchisches System zu sein hat.

Können wir mit anderen als den gängigen Fachausdrücken

die Grundphänomene bezeichnen, welche die Mathematik wahrnimmt?

Zählen können wir trennbare Fakten. Das Kontinuum wird seit Aristoteles durch eine Möglichkeit definiert; die Aufzählung aller in ihm angelegten Möglichkeiten (so der Punkte auf einer Strecke) führt zu überabzählbaren Mengen mit allen darin liegenden mathematischen Problemen. Treten uns hier nicht die Zeitmodi gegenüber? Fakten sind trennbar, disjunkt, endlich zählbar. Ob die Punkte eines Kontinuums als disjunkt, d. h. eindeutig unterscheidbar gedacht werden sollen, ist nicht selbstverständlich; wir kommen in der Quantentheorie hierauf zurück.

Struktur oder Gestalt ist ein moderner Ausdruck für das, was Platon Eidos oder Idee nennt. Mathematik als Theorie der Strukturen stellt uns vor die philosophische Frage nach dem Wahrheitsgehalt des platonischen Ansatzes.

Der Versuch, zu sagen, was Mathematik ist, hinterläßt uns mit weiterführenden Fragen.

3. Physik*

A. Darstellung

a. Das Gefüge der Theorien. »Physik« heißt seit den Griechen die Grundwissenschaft von der bewegten Wirklichkeit. Das Verb *phyo* bedeutet hervorbringen, wachsen lassen, *phyesthai* bedeutet wachsen, *physis* ist Geburt, Wachstum und die Beschaffenheit, welche ein Wesen durch Geburt und Wachstum hat. Lateinisch analog *natura,* von *nasci*, geboren werden. Physik heißt bei Aristoteles die Wissenschaft von den Dingen, die eine Physis haben, wörtlich: die einen Ursprung ihrer Bewegung in sich selbst tragen. Bewegung,

* Auch dieser Abschnitt kann nur andeutend sein. Gelegentlich verweise ich auf die Bücher *Aufbau der Physik (AP)* und *Zeit und Wissen (ZW).*

kinesis, bedeutet hier nicht nur Ortsveränderung, sondern jegliche Änderung in der Zeit, so auch Wachsen und Vergehen, oder Änderung der Qualitäten. Die Physik als Wissenschaft vom Selbstbewegten ist hierdurch deutlich geschieden von der Technik als der menschlichen Kunst, Dinge von außen zu bewegen.

Zentrale Disziplin der neuzeitlichen Physik wurde die *klassische Mechanik*, ein Werk des 17. Jahrhunderts. Sie entstand durch die Vereinigung zweier mathematisch-empirischer Wissenschaften. Die Astronomie beschrieb die schon von Babyloniern und Griechen sorgfältig beobachteten Bewegungen der Planeten mit hoher mathematischer Präzision, zuerst im geozentrischen, seit Kopernikus im heliozentrischen Modell, gipfelnd in den drei Keplerschen Gesetzen. Galilei unterwarf in seiner Analyse der Fall- und Wurfbewegung die irdische, dem technisch durchgeführten Experiment zugängliche Mechanik ebenfalls mathematischen Modellen. Newton vereinigte beides: der fallende Apfel und der kreisende Mond bewegen sich gemäß denselben Axiomen der Mechanik unter dem Einfluß derselben Kraft, hier der Schwerkraft zwischen ihnen und der Erde. Durch die mathematische Fassung der Grundgesetze wird die Ehe zwischen Physik und Mathematik unauflöslich, durch die Einführung des planvollen Experiments die Ehe zwischen Physik und Technik. In der Definition der Mathematik als Wahrnehmung von Struktur durch Schaffung von Struktur läßt sich auch diese Verbindung von Mathematik und Technik als »Gatten« desselben Partners beschreiben: die antike und noch die Keplersche Astronomie sah in ihrer mathematischen Gestalt den Gottesdienst der Wahrnehmung ewiger Formen, die neuzeitliche Physik aber versteht ihren experimentellen Aspekt als die Schaffung mathematisch entworfener Formen durch den Menschen.

Die klassische Mechanik unterscheidet vier Entitäten*:

* *AP,* Kap. 6.2, S. 229–241.

1. Körper,
2. Kräfte,
3. Raum,
4. Zeit.

Körper ist, nach einer Kantischen Formulierung, das im Raum Bewegliche. Der Raum ist, wie die Zeit, von Newton ausdrücklich als eine besondere Entität eingeführt worden. Aristoteles hatte diese Statuierung zweier selbst nichtdinglicher »absoluter« Entitäten Raum und Zeit bewußt und sorgfältig vermieden. Lage und Bewegung eines Körpers ist für ihn nur Lage und Bewegung relativ zu anderen Körpern: Zeit ist für ihn eine Maßzahl der Bewegung. Leibniz folgt in diesem Punkte als Gegner Newtons der aristotelischen Denkweise. Aber Newtons Ansatz hat sich historisch zunächst durchgesetzt, und wir folgen ihm hier vorerst historisch-deskriptiv.

Jede Bewegung bedarf nach klassischer Auffassung einer Ursache; diese Ursachen nennt die klassische Mechanik Kräfte. Das »mechanische Weltbild« hoffte die Kräfte auf Druck und Stoß, also auf die räumliche Ausgedehntheit der Körper zurückzuführen. Newton wußte, daß er dies nicht geleistet hatte. Die Gravitation setzte er hypothetisch als Fernkraft an. Die weitere Entwicklung der physikalischen Theorien mußte das doppelte Ziel verfolgen, eine genauere Theorie der Körper und eine genauere Theorie der Kräfte zu entwickeln.

Der schließlich erfolgreiche Ansatz zur Theorie der *Körper* war die Annahme der Existenz von *Atomen*, die als kleinste, weiterhin unteilbare Körper angesehen wurden. In der Chemie setzte sich die Atomtheorie als adäquates Mittel zur Erklärung der Phänomene durch. In der Physik wurde sie die Basis der kinetischen Theorie der Wärme. Nach diesen Erfolgen des 19. Jahrhunderts mußte sich die Frage stellen, wie die Größe und Gestalt der Atome und die zwischen den Atomen wirkenden Kräfte zu beschreiben seien.

Auch die Theorie der *Kräfte* nahm im 19. Jahrhundert

eine entscheidende Wendung durch den Begriff des *Feldes*. Man hatte zunächst die elektrischen und magnetischen Kräfte nach dem Vorbild der Gravitation als Fernkräfte dargestellt, vielleicht zwischen atomaren Massenpunkten. Von Faraday an erkannte man, daß die Kräfte auch aufeinander wirkten, daß sie eine innere Dynamik besaßen. Dem lokalisierten Körper wurde das kontinuierlich im Raum verbreitete, zeitlich veränderliche Feld gegenübergestellt.

Alle diese verbal und anschaulich formulierten Begriffe fanden ihre Präzisierung in einer fortschreitenden *mathematischen* Fassung. Man kann etwa vier historisch und logisch aufeinander folgende Versionen dieser physikalischen Mathematik unterscheiden:*

1. Morphologie,
2. Differentialgleichungen,
3. Extremalprinzipien,
4. Symmetriegruppen.

Dies sei am Beispiel der Mechanik illustriert. Die Vollendung der *Morphologie* waren in der Himmelsmechanik, durch das kopernikanische System ermöglicht, Keplers Ellipsenbahnen der Planeten. Sie wurden erklärt durch Newtons Gesetze, seit Euler als Differentialgleichungen nach der Zeit geschrieben. Eine solche zeitliche Differentialgleichung bestimmt die Änderung des momentanen Zustands eines Systems durch diesen Zustand selbst; sie erscheint als mathematische Fassung der *Kausalität*. Die Mathematiker entdeckten, daß die physikalischen Differentialgleichungen mathematische Bedingungen der Erfüllbarkeit von Extremalprinzipien angaben, wie Fermats Prinzip des kürzesten Lichtwegs, später d'Alemberts und Hamiltons Prinzipien in der Mechanik. Man konnte hierin eine Versöhnung des kausalen Denkens mit einem Prinzip der *Finalität* sehen. Im 19. Jahrhundert wurde die Theorie der *Symmetriegruppen* entwickelt. Felix Klein und Sophus Lie erklärten so die Ge-

* *AP*, Kap. 6.3, S. 242–246.

setze der Geometrie. Die Übertragung auf das vierdimensionale Raum-Zeit-Kontinuum gestattete, die Prinzipien der klassischen Mechanik auf die später sogenannte Galilei-Gruppe zurückzuführen und diese in der speziellen Relativitätstheorie durch die Lorentz-Poincaré-Gruppe abzulösen.

Die Theorie der *Körper* hat die Physik vor zwei Probleme gestellt, die sich als miteinander verknüpft erweisen: das Problem der *Irreversibilität* und das Problem des *Atomismus*.

Die *Irreversibilität* ist ein Problem der kinetischen Theorie der Wärme, genauer der statistischen Thermodynamik. Ich habe dies im Vierten Kapitel, 2, besprochen. Hier erinnere ich nur an das Resultat: Zum Verständnis der Physik ist das Verständnis der Zeitmodi, also des Unterschieds der faktischen Vergangenheit von der möglichen Zukunft, unerläßlich.

Der *Atomismus* hat sich in der Chemie empirisch hervorragend bewährt. Der Physiker mußte sich aber dazu zwei Fragen stellen: Sind Atome *notwendig?* und: Sind Atome *möglich?*

Für die *Notwendigkeit der Atome* hatte Boltzmann, der Vater der statistischen Thermodynamik, ein starkes Argument. Stellen wir uns einen Körper kontinuierlich ausgedehnt vor, so müßte er zu inneren Schwingungen fähig sein. Diese haben in einem solchen Kontinuum unendlich viele Freiheitsgrade. Die von uns als thermisch erfahrene innere Bewegungsenergie des Körpers müßte sich dann auf diese unendlich vielen Freiheitsgrade gleichmäßig verteilen; thermisches Gleichgewicht bei endlicher Energie wäre nicht möglich. Diese Folgerung wird vermieden, wenn der Körper in Wirklichkeit aus endlich vielen, entweder absolut starren oder aber punktförmigen Teilen, eben aus endlich vielen Atomen besteht.

Die *Möglichkeit der Atome* wird aber eben durch Boltzmanns Argument problematisch. Ist ein Atom selbst ein kontinuierlich ausgedehnter Körper, so müßte es selbst zu unendlich vielen inneren Schwingungen fähig sein. Gilt es uns aber – um dies zu vermeiden – als absolut starr, so fragt sich, was für Kräfte solche Starrheit bewirken könnten. Sind jedoch die Atome punktförmig (»Massenpunkte«), so muß ihre Wechselwirkung durch Kräfte vermittelt werden. Beide Annahmen führen also auf das Problem einer adäquaten Theorie atomarer Kräfte.

Dies bringt uns zur Theorie der *Felder.* Auch sie enthüllte zwei Probleme: die physikalische Struktur von *Raum und Zeit,* und die *Dynamik kontinuierlicher Felder.*

Raum und Zeit hatte Newton als *absolut* statuiert, gleichsam als den unveränderlichen Rahmen, in dem die Körper sich bewegen. Leibniz folgte ihm hierin nicht, Mach nahm im späten 19. Jahrhundert die Kritik wieder auf. Die Lösung geben Einsteins zwei *Relativitätstheorien.* Die *spezielle* Relativitätstheorie verknüpfte Raum und Zeit in neuer Weise; mathematisch gesagt führte sie eine neue Symmetriegruppe ein. Die Frage, warum überhaupt Symmetriegruppen als Grundgesetze zu postulieren seien, und warum gerade diese, blieb offen; aber der empirische Erfolg war durchschlagend, und die Befreiung des Denkens von älteren, um nichts besser begründeten Annahmen war eindrucksvoll. Die *allgemeine* Relativitätstheorie faßte, in Gestalt einer Riemannschen Geometrie, die Metrik des Raum-Zeit-Kontinuums selbst als ein Feld in diesem Kontinuum auf. Dies verknüpfte Gravitation und Geometrie: ein Schritt zur Vereinheitlichung der Physik. Einsteins Hoffnung einer alle Felder umfassenden allgemeinen Feldtheorie erfüllte sich nicht; heute werden wir eine solche Theorie erst im Rahmen der Quantentheorie erwarten. Zugleich aber erwies sich die *Philosophie der Physik* als ein großes, offenes Problem.

Das Problem der *Dynamik kontinuierlicher Felder* war dasselbe, das Boltzmann schon an der Dynamik kontinuierlicher Körper erkannt hatte. Für die Zunft der Physiker unverkennbar wurde es, als zum erstenmal die Thermodynamik eines Kontinuums an einer mathematisch präzise bekannten, empirisch voll bewährten Feldtheorie erprobt wurde: von Planck 1900 an der Maxwellschen Theorie des Elektromagnetismus und der Optik. Planck sah sich zu einem radikalen Bruch mit der klassischen Physik in Gestalt der *Quantenhypothese* genötigt. Einstein (1905) und Bohr (1913) erkannten voll die Radikalität und Unausweichlichkeit dieses Schritts, Heisenberg, Schrödinger und ihre Generation schufen seit 1925 die heute noch gültige *Quantentheorie.* Ihr wenden wir uns nun zu.

b. Die Quantentheorie. Die Quantentheorie ist die zentrale Theorie der heutigen Physik. Die im Abschnitt a. aufgezählten Theorien werden von ihr als »klassisch« unterschieden. Die klassischen Theorien beschreiben verschiedene Gegenstandsklassen (Körper, Kraftfelder, Raumstrukturen). Die Quantentheorie, hinreichend abstrakt formuliert, ist eine universale Theorie für alle Gegenstandsklassen.

Die konkrete Gestalt der Quantentheorie sei am einfachsten Beispiel, dem Wasserstoffatom, erläutert. Die Chemie hat seit dem 18. Jahrhundert etwa 100 »Elemente« identifiziert. Jedes Element besteht aus Atomen mit jeweils charakteristischem chemischen Verhalten. Der Durchmesser eines Atoms beträgt etwa 10^{-8} cm. Seit Rutherford (1910) wissen wir, daß jedes Atom einen schweren Kern von nur etwa 10^{-12} cm Durchmesser enthält; im Atomvolumen außerhalb des Kerns findet sich eine für das Element charakteristische Anzahl von ebenfalls ca. 10^{-13} cm kleinen Elektronen vor. Die Anziehung zwischen dem positiv elektrisch geladenen Kern und den negativ geladenen Elektronen hält das Atom zusammen. Das leichteste Atom ist das Atom des (normalen, »leichten«) Wasserstoffs, dessen Kern ein einziges Elementarteilchen, das Proton ist, mit dem nur ein einziges Elektron verbunden ist.

Die soeben gegebene Schilderung ist das »klassische« Bild des Atoms. Bohr (1913) erkannte, daß dieses Modell des »Planetensystems der Elektronen« ebenso wie das Modell eines kontinuierlich den Raum erfüllenden Atoms nach der klassischen Physik unmöglich ist. Die möglichen Bahnen eines den Kern umkreisenden Elektrons würden mathematisch ein Kontinuum bilden (jede Größe und Gestalt der Bahnellipse wäre möglich). Da die Elektronen nach der klassischen Elektrodynamik bei ihrer Bewegung auf gekrümmter Bahn ständig Lichtwellen ausstrahlen müssen, würde das Elektron in sehr kurzer Zeit das Kontinuum möglicher Bahnen durcheilen und in den Kern stürzen. Bohr löste das Problem, indem er Plancks »Quantenhypothese« auf das Modell anwandte, nach welcher die möglichen Bahnen kein Kontinuum, sondern eine diskrete Mannigfaltigkeit sind, in der es eine »tiefste Bahn«, den »Grundzustand« des Atoms gibt, von dem aus das Elektron nicht mehr strahlt. Bohr hatte das Glück, aus seinem Modell exakt das richtige Spektrum des von Wasserstoff emittierten Lichts herleiten zu können.

Die endgültige Fassung der Quantentheorie fanden Heisenberg (1925) und Schrödinger (1926). »Bahnen« des Elektrons existieren überhaupt nicht. Um den Kern ist eine »Wellenfunktion« ausgebreitet (meist mit dem griechischen Buchstaben ψ (psi) bezeichnet. ψ ist eine komplexe Funktion des Orts: $\psi(x)$; deren Absolutquadrat $\psi(x)|^2$ die Wahrscheinlichkeit* angibt, das Elektron bei einer Ortsmessung am Ort x vorzufinden. Die Gestalt von ψ als Funktion der Zeit wird durch die Schrödingersche Wellengleichung bestimmt.

Die Quantentheorie ist eine »abgeschlossene Theorie« im Sinne Heisenbergs, den ich im Vierten Kapitel, 2 erläutert habe. Dort sage ich dazu: »Die Grundannahmen der Quantentheorie kann man für einen mathematisch gebildeten Leser auf einer Druckseite darstellen. Die Menge einzelner bekannter Erfahrungen, die der Quantentheorie gehorchen, mag man heute wohl auf eine Milliarde beziffern; und nicht

* Genauer: Wahrscheinlichkeitsdichte.

eine einzige Erfahrung ist gefunden worden, die der Quantentheorie glaubwürdig widerspräche.« Es ist evident, daß ich diese Fülle hier nicht inhaltlich darstellen kann. Skizziert sei aber, auf was für Gegenstände sie sich in ihrem heutigen Stand bezieht.

Die Quantentheorie, so wie sie heute vorliegt, ist eine allgemeine Theorie über das gesetzmäßige Verhalten von Gegenständen der Erfahrung. Welche Gegenstände der Erfahrung es aber gibt oder geben kann, deduziert sie bisher nicht aus allgemeinen Prinzipien. Sie übernimmt die Begriffe von ihren Gegenständen vielmehr aus der klassischen Physik oder aus einer noch immer im wesentlichen klassischen Beschreibung neuer, instrumentell gewonnener Erfahrung. Es gibt für sie Teilchen und Felder, es gibt den dreidimensionalen Raum, der mit der Zeit gemäß der Relativitätstheorie verbunden ist. Es gibt im kosmischen Raum die Gestirne, deren Geschichte ich im Zweiten Kapitel geschildert habe. Es scheint eine Geschichte des Kosmos von bisher nur endlicher Dauer gegeben zu haben. All dies ist der Quantentheorie schon vorgegeben. Einen wesentlichen Beitrag leistet sie, indem sie lehrt, Felder analog dem Schrödingerschen ψ, als Wahrscheinlichkeitsaussagen über Teilchen zu interpretieren. Doch ist auch dieser Zusammenhang noch komplizierter. Es gibt die Quantentheorie der Teilchen, welche Wahrscheinlichkeitsfelder einführt, und die Quantentheorie der Felder, welche Teilchen einführt; hierauf will ich in der jetzigen Darstellung nicht eingehen.

Der Teilchenbegriff ist das, was vom klassischen Begriff des Atoms übriggeblieben ist. Griechische Philosophen, als bedeutendster wohl Demokrit, forderten die Existenz von kleinsten Körpern, die keine kleineren Teile mehr haben. Die Chemie des 19. Jahrhunderts erkannte den immensen Erklärungswert dieses Modells. Die begrifflichen Schwierigkeiten des Modells habe ich oben geschildert. Erst die Quantentheorie beschreibt konsistent die Stabilität der chemischen Atome, aber im Grunde nur postulatorisch. Sie leugnet die Gültigkeit der klassischen Dynamik eines Kontinuums, fordert die Existenz diskreter Zustände und findet konsistente Gesetze für die Wahrscheinlichkeiten des Auftretens dieser Zustände. Welches die letzten vorauszusetzenden Träger dieser Zustände, die »Elementarteilchen« sind, ist bis heute unentschieden. Die großen Beschleunigeranlagen finden von Jahrzehnt zu Jahrzehnt neue Teilchen, deren systematische Theorie noch im Werden ist.

B. Reflexion

Der Begriff »Gefüge der Theorien« beschreibt eine historisch entstandene Situation. Sie hat mit innerer Logik zur Quantentheorie geführt. Wir gehen daher sofort zur Reflexion auf die Quantentheorie über. Hier muß die Reflexion ausführlich sein. Sie wird sich auf fünf Themen beziehen:

a. Die Kopenhagener Deutung,
b. Rekonstruktion der abstrakten Quantentheorie,
c. Holismus,
d. Herleitung des Raumbegriffs,
e. Materie und Bewußtsein.

a. Die Kopenhagener Deutung. Die mathematische Gestalt der Quantentheorie und die Regeln ihrer Anwendung auf die Vorhersage von Erfahrungen stehen im Prinzip seit 1926 fest; die mathematische Kodifikation vollendete im wesentlichen J. v. Neumann 1932. Was aber bedeutet diese Theorie für unser Bild von der Wirklichkeit? Hierzu erschienen 1927 zwei grundlegende Arbeiten, von Heisenberg, der damals in Kopenhagen bei Bohr arbeitete, und von Bohr selbst. Die dort vorgetragene Auffassung nennt man seitdem die Kopenhagener Deutung der Quantentheorie.

Heisenbergs Arbeit enthält die *Unbestimmtheitsrelation.* Nach klassischer Auffassung läuft ein (als punktförmig stilisiertes) Teilchen unter dem Einfluß der Kräfte, die auf es wirken, auf einer wohldefinierten »Bahn«. Es hat in jedem Augenblick einen präzisen *Ort* im Raum und einen präzisen *Impuls* (d.h. Geschwindigkeit). Wer den anfänglichen Ort und Impuls und die wirkenden Kräfte kennt, kann die so kausal determinierte Bahn vorausberechnen. Die Schrödingersche ψ-Funktion aber gestattet nur Wahrscheinlichkeitsvorhersagen für Messungen, sei es des Ortes oder des Impulses. Wenn ψ die vollständige Beschreibung des Zustands für das Teilchen ist, so ist das Geschehen *nicht voll kausal determiniert.** Die klassische Bahn existiert in Strenge überhaupt nicht. Der Ort x und der Impuls p sind stets wenigstens um Beträge Δx und Δp unbestimmt, deren Produkt $\Delta x \cdot \Delta p$ nicht kleiner sein kann als das Plancksche »Wirkungsquantum« h. Das ist die »Unbestimmtheitsrelation«.

Bohrs Arbeit enthält den zentralen Begriff der *Komplementarität* der Bilder oder Begriffe, die wir zur Beschreibung der Wirklichkeit brauchen. Zwei komplementäre Begriffe sind beide unentbehrlich, aber nicht zugleich in Strenge anwendbar. Das gilt in der Unbestimmtheitsrelation von den Begriffen »Ort« und »Impuls«. Wenn die Vorhersagen für die Teilcheneigenschaften der Wellenfunktion ψ bedürfen, die Welle aber nicht als Ganze beobachtet werden kann, sondern nur Wahrscheinlichkeiten für Teilcheneigenschaften bestimmt, so sind auch die Begriffe »Teilchen« und »Welle« zueinander komplementär. Bohr verstand die Komplementarität als einen grundlegenden philosophischen Begriff. Erkenntnistheoretisch sprach er z. B. von der Komplementarität zwischen der Definition eines Begriffs und seiner unmittelbaren Anwendung. Ethisch sprach er von einer Komplementarität zwischen Gerechtigkeit und Liebe. Seine Philosophie war wesentlich geleitet von der Frage: »Was können wir wissen?« oder noch genauer: »Was können wir sinnvoll sagen?«. Er sagte gelegentlich, »wir hängen in der

* Als Heisenberg mir im April 1927 die noch nicht publizierte Unbestimmtheitsrelation erzählte, sagte er: »Ich glaub', ich hab' das Kausalgesetz widerlegt.«

Sprache«, und sah in der Komplementarität die »Begrenztheit unserer Ausdrucksmittel« bezeichnet.

Trotz oder vielleicht gerade wegen des durchschlagenden empirischen Erfolgs der Quantentheorie hat sich an ihre Deutung eine bis heute immer wieder aufflammende Debatte angeschlossen – wie es in philosophischen Fragen seit über 2000 Jahren üblich ist. Das »klassische Weltbild« war mit der Kopenhagener Deutung unvereinbar. Einstein vertrat in seiner Debatte mit Bohr daher die Meinung, die indeterministische Quantentheorie sei noch eine »unvollständige« Beschreibung der Natur. Die Kritiker der Kopenhagener Deutung entwarfen Hypothesen »verborgener Parameter«, welche das beobachtbare Geschehen kausal streng bestimmen sollten. Die quantentheoretischen Wahrscheinlichkeiten wären dann nur Ausdruck unserer Unkenntnis dieser Parameter. Experimentelle Ergebnisse haben gezeigt, daß solche Parameter jedenfalls nicht »lokal«, also im Raum am Ort ihrer Wirkung nicht lokalisierbar sein können. Theorien »nichtlokaler« Parameter (z. B. Bohm, 1952) scheinen bis auf weiteres experimentell unwiderlegbar zu sein.

*b. Rekonstruktion der abstrakten Quantentheorie.** Wir setzen nun die Kopenhagener Deutung als »minimale Semantik« der Quantentheorie voraus. Sie gibt das an, was wir mindestens wissen. In ihr ist die Quantentheorie eine Theorie menschlichen Wissens über Gegenstände in der Zeit. Wir kennen Gegenstände (z. B. Teilchen). Wir können Zustandsparameter dieser Gegenstände (z. B. Ort oder Impuls, Drehimpuls oder Energie) experimentell messen. Wir prognostizieren Ergebnisse solcher Messungen mit Wahrscheinlichkeit; dies ist ein Bezug auf Zukunft, also auf Zeit. Wir »rekonstruieren« nun die abstrakte Struktur dieser Theorie, losgelöst von allen speziellen Voraussetzungen (wie der Exi-

* Vgl. *AP*, Kap. 8.3, und M. Drieschner, Th. Görnitz, C. F. v. Weizsäcker, *Reconstruction of Abstract Quantum Theory*, Int. J. Theor. Phys. *27*, 289–306 (1987).

stenz von »Teilchen« im »Raum« und deren Beschreibung in einer »klassischen« Theorie).

Unsere Rekonstruktion stützt sich auf drei Postulate, die etwa wie folgt formuliert werden können:

1. Postulat: Es gibt empirisch isoliert entscheidbare Alternativen.

2. Postulat: Zu jeder solchen Alternative gibt es Zustände, welche jedem ihrer möglichen Resultate naturgesetzlich eine bestimmte Wahrscheinlichkeit zuschreiben.

3. Postulat: Die einer Alternative zugeordneten Zustände ändern sich, d. h. die sie definierenden Wahrscheinlichkeiten, kontinuierlich in der Zeit.

In den in der Fußnote S. 133 zitierten Arbeiten ist gezeigt, wie man hieraus die von J. v. Neumann formulierten allgemeinen Gesetze der Quantentheorie im Hilbertraum gewinnen kann.

Wir fragen nun, wie die so rekonstruierte abstrakte Theorie kritisch in ein umfassenderes Bild der Wirklichkeit eingeordnet werden kann.

c. Holismus. Kritisch ist zum 1. Postulat zu sagen, daß es strenggenommen falsch ist. Es gibt keine in Strenge vom Rest der Welt isolierbaren Objekte oder Alternativen. Alles hängt mit allem zusammen. Dies ist im Vierten Kapitel, 2 in der »Bemerkung für Physiker« erläutert. Die spezifisch quantentheoretische Fassung dieses nichtkausalen allübergreifenden Zusammenhangs ist in einem berühmten »Gedankenexperiment« von Einstein, Podolsky und Rosen dargestellt (vgl. *AP* 11.3d). Man nennt diesen Sachverhalt heute vielfach den »Holismus« der Quantentheorie (griechisch: *holon,* das Ganze).

Nun ist aber die Isolierbarkeit von Entscheidungen eine Voraussetzung des begrifflichen Denkens. Der Holismus besagt also, daß die Wirklichkeit strenggenommen nicht begrifflich beschreibbar ist. Die Quantentheorie ist aber der Intention nach streng begrifflich aufgebaut. Die drei Postulate bedeuten u. a. ein Programm einer fortschreitenden Selbstkorrektur zu enger begrifflicher Ansätze. Gemäß dem 1. Postulat sei eine Alternative als isoliert entscheidbar vorausgesetzt. Dann besagt das 2. Postulat, daß es Zustände gibt, die auf diese Alternative bezogen, aber mit keiner ihrer möglichen Entscheidungen identisch sind. Die Frage, welcher dieser neu eingeführten Zustände vorliegt, kann dann als eine neue, umfassendere Alternative verstanden werden. An ihr kann dann derselbe Prozeß wiederholt werden. Doch ist zu vermuten, daß die Quantentheorie niemals zu einer legitimierbaren Aussage über den Zustand der ganzen Welt kommen wird; vgl. dazu meine Skepsis gegenüber Hypothesen über den Anfang der Welt (Zweites Kapitel, 1 am Ende). Eine legitime Frage ist, wie derjenige, der die Welt beschreibt, sich selbst als Teil dieser Welt und als Träger dieses Wissens mitbeschreibt.

d. Herleitung des Raumbegriffs. Am Ende der Darstellung der Quantentheorie wurde gesagt, daß sie den dreidimensionalen Raum, relativistisch mit der Zeit verbunden, und die Gegenstände im Raum (Teilchen, Felder) als empirisch bekannt voraussetzt. Der abstrakte Aufbau bietet jedoch eine Aussicht, die Fundamente der Physik tiefer zu legen, nämlich den Raumbegriff und die Existenz von Teilchen in ihm aus der Quantentheorie selbst herzuleiten (*AP*, Kap. 9–10). Als diskrete Alternative im Sinne des 1. Postulats verstehen wir eine endliche oder abzählbar unendliche Anzahl möglicher Aussagen, von denen eine als die zu einer Zeit *t* zutreffende empirisch herausgefunden werden soll. Jede solche Alternative kann auch durch endlich oder abzählbar-unendlich viele *binäre Alternativen* (Ja-Nein-Entscheidungen) entschieden werden. Jede binäre Alternative hat aber, wie sich in der Quantentheorie mathematisch herausstellt, eine natürliche Darstellung der ihr gemäß dem 2. Postulat zugeordneten Zustände in einem reell-dreidimensionalen Raum. Wir stellen die »realistische Hypothese« (*AP*, S. 396, 405) auf, dies sei genau der uns bekannte dreidimensionale Weltraum. Auch die spezielle Relativitätstheorie folgt mathematisch aus der realistischen Hypothese, ist dann also eine Konsequenz der Quantentheorie. Wigner (1939) hat aber gezeigt, daß die mögliche Existenz von Objekten mit den Eigenschaften eines Teilchens mathematisch aus der speziellen Relativitätstheorie folgt. Wir arbeiten an einem Programm, das die speziellen Eigenschaften der real existierenden Teilchen aus diesem Ansatz herzuleiten sucht. Diese Arbeit ist unvollendet. Aber man sieht, daß die von der bisherigen Quantentheorie als empirisch gegeben akzeptierten Daten wohl im Prinzip aus ihrer abstrakten Fassung abgeleitet werden könnten. Das Programm einer begrifflichen Einheit der Physik könnte verwirklichbar sein.

e. Materie und Bewußtsein. Der cartesische Dualismus der ausgedehnten und der denkenden Substanz ist uns schon mehrfach begegnet (Zweites Kapitel, 2c, Viertes Kapitel, 2) und mit Skepsis quittiert worden. Die abstrakte Quantentheorie enthält keinerlei Anlaß mehr für diesen Dualismus (vgl. *AP* 11.2e). Kann ich durch Kommunikation oder Introspektion über das Vorliegen eines Bewußtseinszustandes empirisch entscheiden, so ist dies eine legitime Alternative im Sinne der Quantentheorie. Ein spiritualistischer Monismus (Viertes Kapitel, 2) ist dann von der Quantentheorie her zulässig. Wenn jede Alternative gemäß dem obigen Abschnitt d eine Darstellung ihrer Zustände im dreidimensionalen Raum zuläßt, so wird dies auch für die Alternativen unseres Bewußtseins gelten; die Psyche könnte dann im Raum als Gehirn erscheinen.

Im Vierten Kapitel, 2 wurde aber gesagt, das philosophische Problem sei zunächst nicht, ob wir eine spiritualistische Metaphysik glauben wollen, sondern was wir meinen, wenn wir eine solche Metaphysik als denkbar behaupten. Soll es statt der zwei »Substanzen« Materie und Seele nur eine einzige Substanz »Psyche« oder »virtuelles Bewußtsein«, geben? Wissen wir, was wir mit dem Wort »Substanz« meinen? In unseren Tagen ist die Frage aufgekommen, ob man neben den zwei »Realitäten« Materie und Seele als dritte »Realität« die Information einführen soll. Information läßt sich als Maßzahl der Menge von Gestalt definieren (*AP* 5.2, S. 165). In der Eidos-Philosophie ist Eidos, also Gestalt, das einzig wirklich Seiende (*ontos on*). Im abstrakten Aufbau der Quantentheorie ist der Umfang der möglichen Antworten auf eine Alternative ein Maß der Information, welches ihre Entscheidung vermittelt. Ist gemäß der abstrakten Quantentheorie die Information, genauer die Gestalt, das einzig der Physik Zugrundeliegende?

Wir enden auch hier, wie es einer Reflexion gebührt, mit unbeantworteten Fragen.

4. Biologie

A. Zur Darstellung

Was ist »Leben«? Die Frage steht am Anfang unseres Buchs, als erster Kommentar zur Frage »Wer sind wir?« Nicht nur wir Menschen leben. Auch die Tiere leben, die Pflanzen, die Mikroben. Hatten die Alten recht mit der Meinung, daß Erde und Gestirne leben?

Was die heutige Wissenschaft zur Frage nach dem Leben sagt, habe ich schon in einiger Ausführlichkeit dargestellt: im Zweiten Kapitel, 2 und im Vierten Kapitel, 3. Beide Male liegt der Ton auf der Evolution. Als Hintergrund zum Thema »der Mensch in seiner Geschichte« steht »das Leben in seiner Geschichte«. Es genügt daher, den jetzigen Abschnitt zur Darstellung der Biologie auf ein kurzes Resümee zu beschränken.

Die heutige Biologie beschreibt das »organische Leben«. Dieses Leben findet sich vor in Gestalt von Individuen, die wachsen und sterben und ihresgleichen hervorbringen. Lebende Wesen haben Organe der Fortpflanzung und der Selbsterhaltung. »Organon« heißt Werkzeug. Werkzeuge dienen Zwecken. Die Deskription des Lebens kann, von Aristoteles bis heute, nicht darauf verzichten, daß sie die Zwecke angibt, denen die Organe dienen.

Die kausal denkende Biologie kann aber auch nicht umhin, nach den Ursachen der Entstehung der Organe zu fragen. Sie haben sich im Laufe der *Evolution*, in vielen Hunderten von Jahrmillionen, herausgebildet. Auf die Frage, ob dabei eine als »planend« beschreibbare, nicht-physikalische Ursache wirksam war oder nur der »Zufall« von Mutation und Selektion, gehe ich im Abschnitt »Reflexion« ein. Das Faktum der Evolution ist nicht zu leugnen.

Eines der wichtigsten Ergebnisse der Evolution ist die freie Beweglichkeit der höher organisierten Tiere, ihre Fähigkeit zu spezifischem, meist als zweckmäßig beurteilbarem, auf uns Menschen oft als »schön« oder »einfühlbar« wirkendem *Verhalten*. Verhalten läßt sich als Reaktion auf Reize beschreiben. Reize können Gefahren anzeigen, oder Nahrung, Beute; besonders differenziertes Verhalten kann sich als Reaktion auf das Verhalten von Artgenossen entwikkeln, als soziales Verhalten.

Ich füge hier eine in den vorigen Kapiteln nicht benützte Notiz zum Begriff der *Wahrnehmung* ein. Martin Heisenberg* hat darauf hingewiesen, daß schon bei relativ einfachen Lebensformen und Gehirnstrukturen (von ihm speziell studiert an der Taufliege Drosophila) das Verhalten nicht als zwangsläufige Reaktion auf eindeutige Reize beschrieben werden kann. Das Tier erwirbt auf Grund seiner Sinnenreize eine »Orientiertheit« in seiner Umwelt, funktional charakterisierbar durch »Reaktionswahrscheinlichkeiten« auf jeweilige neue Reize. »Wahrnehmung« definiert Heisenberg dann funktional als »durch Reize veranlaßte Änderung der Reak-

* M. Heisenberg, *Gedanken zu einer biologischen Theorie der Wahrnehmung.*

tionswahrscheinlichkeiten«. Wir werden diese Definition in der nachfolgenden Reflexion brauchen.

Wenn wir tierisches Verhalten als »einfühlbar« erleben, so zweifeln wir nicht, daß das Tier selbst psychisch erlebt. Den vor Jahrzehnten noch benutzten Ausdruck »Tierpsychologie« hat man aber inzwischen um der methodischen Überprüfbarkeit willen durch »Verhaltensforschung« (Ethologie) ersetzt. Damit entgeht die reflektierende Biologie freilich dem »Leib-Seele-Problem« nicht.*

B. Reflexion

Wie haben wir uns angesichts der empirischen Ergebnisse der modernen Biologie das Phänomen des Lebens zurechtzulegen? Blicken wir zunächst auf die Herkunft der überlieferten Deutungen!

Die biblische Schöpfungsgeschichte (1. Mos. 1), zeitgenössisch den Anfängen der griechischen Philosophie, ist, verglichen mit den wilden und märchenhaften älteren Mythen über die Herkunft von Welt und Leben, von Göttern und Menschen, schon nahe dem Rationalismus der Naturwissenschaft: »Und Gott schuf Pflanzen und Tiere, jedes nach seiner Art.« Es fiel dann den Christen leicht, dies mit der aristotelischen Phänomenologie der organischen Zweckmäßigkeit zusammenzudenken. Der Unterschied war nur, daß für Aristoteles die Erhaltung der Spezies die ewige Gegenwart des Eidos in wechselnden Individuen bedeutete, während Juden und Christen an eine einmalige Schöpfung der Spezies glaubten und das Eidos als »Schöpfungsgedanken Gottes« auffassen konnten; daher dann der historische Bedeutungswandel des Worts »Idee« von »Gestalt« zu »Bewußtseinsinhalt« (englisch: idea).

* Dazu *Der Garten des Menschlichen*, Kapitel 2: »Zur Biologie des Subjekts«.

Im Zweiten Kapitel, 1 »Geschichte des Kosmos« habe ich an die schöpfungstheologische Debatte über die Herkunft des Planetensystems erinnert. Die an menschliche Kunstwerke gemahnende schöne oder zweckmäßige Gestalt des Systems wurde als Argument für göttliche Schöpfung angesehen; man meinte, die mechanische Kausalität habe dergleichen nicht hervorbringen können. Ich sagte dort, daß dieser »Gottesbeweis aus den Lücken der Naturwissenschaft« fast stets nach wenigen Jahrzehnten durch neue naturwissenschaftliche Erkenntnisse entwertet wird. Ich zitierte auch Kant, der einen Gott, der Naturgesetze so gibt, daß die reale Gestalt der Natur aus ihnen notwendig hervorgeht, höher achten wollte, als einen Gott, der zur Schöpfung der Gestalt die von ihm selbst gegebenen Gesetze durchbrechen muß. Schließlich meinte ich aber, die damalige Debatte sei theologisch wie naturwissenschaftlich noch nicht auf dem erforderlichen Niveau gewesen.

Analoges ist seit dem 19. Jahrhundert in den Grundlagen der Biologie geschehen. Die Entdeckung der Evolution zeigte, daß Gott nicht jede Spezies einzeln zweckmäßig und schön zu schaffen brauchte. Das organische Leben auf der Erde ist eine einzige zusammenhängende Wirklichkeit, anordenbar wie die Ahnenfolge einer großen Familie. Bedarf die Entstehung und das Funktionieren des Lebens nun einer eigenen, physikalisch unerklärbaren, »teleologischen« Ordnung und Gesetzmäßigkeit? Als ich zu studieren begann, gab es noch den Streit zwischen dem »Vitalismus«, der diese Sonderstellung des Lebens jenseits physikalischer Kausalitäten behauptete, und dem »Physikalismus«, der sie leugnete. Im Durchschnitt neigten, wenigstens seit Darwin, die biologischen Forscher stärker zum Physikalismus als z. B. philosophisch denkende Physiker wie meine Lehrer Bohr und Heisenberg, die auf neue, jenseits der von ihnen selbst entwickelten physikalischen Theorien liegende Erkenntnisse gefaßt waren. Ich selbst kam aber, nach langen Gesprächen mit führenden Biologen dazu, den Physikalismus als eine fruchtbare Arbeitshypothese anzusehen, den man ohne evidente Falsifikation nicht aufgeben sollte (so oben im Zweiten Kapitel, 2 »Geschichte des Lebens«, ausdrücklich gesagt).

Als Beispiel wiederhole ich hier* die Diskussion des oft vorgebrachten Arguments, die Zeitskala der Evolution von wenigen Milliarden Jahren reiche nicht aus, um die Entstehung eines differenzierten Organs wie etwa des Wirbeltierauges zu erklären, zu welcher eine Kette unabhängiger »zufälliger« Ereignisse nötig wäre. Zunächst ein Wort über das bei Gegnern affektbelastete Wort »Zufall«. Wir sprechen terminologisch von Zufall bei Ereignissen, für deren Eintreten wir nur eine Wahrscheinlichkeit angeben können, die wir also nicht als kausal notwendig kennen. Für einen Entwicklungsgang wie den des Auges kann man sich nun verschiedene »Pfade«, d. h. Folgen von Mutationsschritten und nachfolgenden Selektionsprozessen denken. Bei gut fundierter Abschätzung der Wahrscheinlichkeiten der jeweiligen Schritte müßte man jedem der denkbaren Pfade einen statistischen Erwartungswert t der Zeitdauer zuschreiben können, nach deren Ablauf der Pfad ans Ziel führen würde. Die Selektionstheorie läßt uns dann erwarten, daß alle Pfade in der realen Evolution gleichzeitig (in jeweils verschiedenen Ahnenreihen) eingeschlagen werden. Diejenige Tierklasse, welche »zufällig« den Weg mit der kürzesten zu erwartenden Zeitdauer t eingeschlagen hat, wird voraussichtlich das Rennen gewinnen und damit einen großen Selektionsvorteil über ihre Konkurrenten erringen. Also werden die heutigen Träger von Augen von ihr abstammen. D. h. die kürzeste statistisch mögliche Zeitdauer wird mit überwiegender Wahrscheinlichkeit eintreten. Nehmen wir nun an, der richtige Pfad sei uns bei unseren heutigen Studien noch nicht eingefallen, so ist vorherzusagen, daß gerade eine sorgfältige

* Vgl. *Die Einheit der Natur*, III, 1 »Das philosophische Problem der Kybernetik«, S. 286–287; ebenda auch S. 333.

Studie aller derjenigen Pfade, die uns eingefallen sind, nur zu Zeitdauern führen kann, die länger sind als die reale Geschichte der Evolution des Auges – also den Eindruck einer überzeugenden Falsifikation erwecken würde.

Unter dem Eindruck der Stärke des Physikalismus und durch Nachdenken über die Quantentheorie schon im Bewußtsein der Möglichkeit einer spiritualistisch-holistischen Deutung der Physik selbst habe ich vor mehr als 20 Jahren (1967)* eine Art Proberitt gemacht, wieweit es gelingen könnte, den Menschen als Lebewesen, das Lebewesen als ein Regelsystem, und dieses Regelsystem als entstanden durch Mutation und Selektion zu deuten. Es war gleichsam ein Versuch, zuzusehen, wieviel sich am Menschen, am Leben und an der Geschichte des Lebens und des Menschen im Stil moderner Naturwissenschaft objektivieren läßt. Der Anlaß dazu bezog sich auf den Menschen. Ich hatte (in den christlichen, medizinischen Betheler Anstalten) einen Vortrag mit politischem Hintergrund gehalten unter dem Titel *Friedlosigkeit als seelische Krankheit*. Mediziner fragten mich, ob ich das Wort »Krankheit« hier wörtlich oder nur als Gleichnis meine. Ich wollte nun zusehen, wie weit es mir gelingen würde, es wörtlich zu nehmen. Dazu mußte ich mich zunächst fragen, was denn »Gesundheit« und »Krankheit« streng medizinisch, also doch wohl biologisch bedeuten.

Zur Anwendung dieser Gedanken auf den Menschen komme ich erst im 6. Abschnitt, unter »Humanwissenschaften«, zurück. Hier skizziere ich die biologisch-kybernetische Überlegung. Ein kybernetisches Modell eines Organismus wird diesen als ein Regelsystem betrachten. In einem Regelkreis eines von Menschen gebauten technischen Apparats stellt der Mensch, der ihn benützt, einen »Sollwert« der zu regelnden Größe ein, um welchen infolge des Regelmechanismus der »Istwert« innerhalb einer zulässigen Diffe-

* In *Die Einheit der Natur* (1967), III, 4: »Modelle des Gesunden und Kranken, Guten und Bösen, Wahren und Falschen«.

renz (»Toleranz«) spielen darf. Ein Lebewesen nun, als Regelsystem betrachtet, ist »gesund« oder »normal«, wenn die Istwerte der in ihm geregelten Größen so um ihre seinen Lebensbedingungen optimal angepaßten Sollwerte spielen oder streuen. Ein Beispiel des Spiels um einen Sollwert: die variable Bluttemperatur bei Warmblütern; ein Beispiel der Streuung um einen Sollwert: die Körpergröße der erwachsenen Individuen einer Spezies. Solche Sollwerte definieren die Norm einer Spezies oder Rasse. Ich folge Konrad Lorenz, wenn er, etwa am Beispiel der Graugans, darlegt, daß es diese Norm ist, von der der Zoologe spricht, wenn er »die Graugans« sagt. Diese Norm ist empirisch nie genau realisiert; sie ist vielmehr »die darwinistisch interpretierte platonische Idee der Graugans«.* »Krankheit« ist nun keineswegs die zufällige Abweichung von der »gesunden« Norm, sondern sie ist eine Einregulierung auf eine »falsche Norm«, das Spielen um einen dem Organismus unzuträglichen Sollwert. Daß dies so ist, folgt bereits aus der Möglichkeit einer wissenschaftlichen Medizin, welche Krankheiten ebenso wiedererkennt wie die Biologie Spezies wiedererkennt; auch Krankheiten haben ihre »Sollwerte«.

Wer aber legt die Sollwerte fest und schafft die Regelkreise? Nach der darwinistischen Doktrin geschieht dies, nachdem einmal die große »Erfindung der Natur«, der genetische Code (Zweites Kapitel, 2) entstanden ist, durch Mutation und Selektion. Dies gilt dann nicht nur für die »gesunden« Sollwerte. Kausal erklärt sich das Zustandekommen von wiedererkennbaren Krankheiten ebenso wie dasjenige von wiedererkennbaren Organismen aus dem Evolutionsprozeß. Am sichtbarsten wurde das für die Biologie, als im späten 19. Jahrhundert die Erregung von Krankheiten durch Bakterien (später auch durch Viren) entdeckt wurde: hier ist der Träger der Krankheit selbst ein Organismus. Doch gilt

* *Die Einheit der Natur*, S. 324 und ebenda, V, 5, »Parmenides und die Graugans«.

Analoges auch für Tumoren, die durch eine spezifische Mutationsanfälligkeit von Körperzellen erzeugt werden. Im Zweiten Kapitel, 2Bc, habe ich darauf hingewiesen, daß auch der Alterungsprozeß von Individuen einen der Spezies nützlichen artspezifischen »vorgeplanten« Ablauf zu haben scheint. Akzeptieren wir zunächst diese Doktrin, so zeigt sich, daß im Fortschreiten der Evolution die Grenze zwischen Gesundheit und Krankheit unscharf werden kann. Ein »falscher« Sollwert kann sich bei Wanderung des Individuums oder Änderung der Umwelt als »zweckmäßiger« erweisen als der bisherige »gesunde«. Die »ewige« platonische Idee ist unveränderlichen Umständen angepaßt; in realer Geschichte kann sich auch die Qualität von »gut« und »schlecht« ändern.

All dies ist im Rahmen des traditionellen Darwinismus gesagt. Der heutige Physiker muß sich nun freilich fragen, wie sich der überlieferte Physikalismus im Lichte der jetzt möglichen Interpretation der Quantentheorie ausnimmt. Die Quantentheorie ist zur Deutung des Lebens unerläßlich. Die Gesetzmäßigkeiten der Molekularbiologie – also u. a. die ganze Genetik – beruhen auf chemischen Vorgängen; diese folgen aber durchgehend der Quantentheorie, ohne welche ja nicht einmal die Stabilität der einfachsten Atome (Bohr) verständlich wäre. Am Ende des Abschnitts 2Bb, über die Evolution der Arten, frage ich dann, welche Bedeutung der »Holismus« der Quantentheorie für das Verständnis der Evolution haben könnte.

Ein Beispiel hierfür könnten Überlegungen von dem Typ sein, wie sie der Biologe R. Sheldrake* in den letzten zehn Jahren entwickelt hat. Ich bin nicht Fachmann in diesen Fragen und trete an sie ohne Wünsche heran, kann aber die vorgeschlagene Struktur von meinen physikalischen Kenntnissen her nicht a priori ausschließen. Sheldrake postuliert

* R. Sheldrake, *A New Science of Life* (1981), *The Presence of the Past* (1988), *The Rebirth of Nature* (1990).

ein »morphogenetisches Feld«, das nach der Art physikalischer Felder durch den Raum ausgebreitet ist, und das, wenn irgendwo durch Zufall oder durch planmäßiges Handeln eine neue Gestalt entstanden ist, der Entstehung einer gleichartigen Gestalt an anderen Orten eine drastisch erhöhte Wahrscheinlichkeit geben soll. Der auch in mir spontan auftauchende Unglaube des professionellen Physikers gegen solche Hypothesen erinnert mich immerhin an die erfundene Anekdote von einem Mann, der 1850 zu einem führenden Physiker kam und behauptete: »In hundert Jahren werden die Leute in Europa in ihrem Zimmer sitzen und auf einem Bildschirm etwas sehen, was gleichzeitig in China oder Indien passiert«, worauf er die Antwort erhielt: »Freund, wir leben doch nicht mehr in den Phantasien des Mittelalters! Das ist doch physikalisch gar nicht möglich!« Television funktioniert elektromagnetisch und ist schon eine Art durch den Raum übertragene, in unseren Zimmern präsente Morphogenese.

Fragen dieser Art werden vermutlich nicht adäquat diskutierbar, wenn wir sie nicht in Verbindung sehen mit dem »Leib-Seele-Problem«. Der Gegensatz von »Materie« und »Bewußtsein« entstammt dem machtförmigen Gewißheitsbedürfnis der cartesischen Philosophie. Seelische Wirklichkeit ist nicht notwendigerweise bewußt. »Bewußtsein ist ein unbewußter Akt«*, vorsichtiger gesagt: »Das Bewußtsein taucht im Lauf der Evolution aus dem Meer des Lebendigen auf.« »Alles Seiende scheint durch ein geschichtliches Kontinuum mit dem Bewußtsein verbunden; indisch gesagt wäre »alles Sat potentiell Chit« und »strebt nach Ananda« (Viertes Kapitel, 3). Die Frage ist nur, ob dieser vermutete seelisch-geistige Charakter der Wirklichkeit unserer Wahrnehmung oder unseren Schlüssen zugänglich ist. Erst im Siebten Kapitel komme ich auf die Traditionen meditativer Wahrnehmung zu sprechen. Jetzt soll es sich nur um die mögliche

* *Wahrnehmung der Neuzeit*, S. 141–142, 359–362.

Einordnung dieser Gedanken in unser biologisches und physikalisches Wissen handeln.

Hier mache ich Gebrauch von der funktionalen Definition der Wahrnehmung durch M. Heisenberg. Eine Änderung der Reaktionswahrscheinlichkeiten durch einen äußeren Eindruck kann für einen externen Beobachter empirisch überprüfbar sein, ohne daß das wahrnehmende Wesen ein Ich-Bewußtsein, ja nur eine der funktionalen Wahrnehmung entsprechende Empfindung zu haben braucht. Bewußtsein wäre dann erst so etwas wie eine »Wahrnehmung der Wahrnehmung«. Man kann sich die funktionale Wahrnehmung ohne explizites Bewußtsein von ihr an zwei entgegengesetzten Beispielen verdeutlichen. Man kann sich einerseits denken, daß ein körperliches Glied eines bewußten Wesens wechselnde Reaktionswahrscheinlichkeiten hat, ohne sich selbst »als Glied« bewußt zu kennen. In einer Narkose mag dies an Menschen erfahrbar sein. Vielleicht kann es sogar »Wahrnehmung« einzelner Zellen eines Vielzellers geben, etwa im Immunsystem. Man kann andererseits sogar an einer menschlichen Gesellschaft wahrnehmungsartigen Verhaltenswechsel beobachten, ohne daß diese Gesellschaft sich selbst als ein »Ich« kennt, ja, in manchen Fällen, ohne daß die Mehrheit ihrer Mitglieder von der Verhaltensänderung überhaupt bewußte Notiz nimmt.

Wenn aber ein Glied nicht zu wissen braucht, was für ein Bewußtsein dem Körper zukommt, dessen Glied es selbst ist, dann läßt der Holismus der Quantentheorie ohne weiteres die Annahme zu, daß wir Menschen Glieder einer größeren geistigen Wirklichkeit sind, deren wir normalerweise nicht gewahrwerden, zumal nicht in einer Kultur, die von den Handlungsmöglichkeiten des individuellen Verstandes und von den kollektiven Wünschen ihrer Glieder bestimmt ist.

Die heutige Wissenschaft ist nicht fähig, diese Fragen zu entscheiden. Sie soll aber fähig sein, sie als offene Fragen anzuerkennen.

5. Technik

Technik ist älter als alle Wissenschaften. Wir charakterisieren die ältesten Kulturen, die wir noch nachweisen können, nach ihren Geräten. Wenn unsere Wissenschaft, ausgehend von der Geschichte der Gestirne, über die frühe Chemie auf der Erdoberfläche und über das organische Leben, den Weg zum Menschen sucht, so ist der Beginn der Technik eine plausible Grenzmarke zwischen biologischer Evolution und menschlicher Geschichte, Geschichte des Homo faber*. Ich werde die Geschichte der Technik hier nicht darstellen, aber einen Blick der Reflexion werfen auf ihre Rolle in der Geschichte des menschlichen Wissens und seiner Anwendungen.

Technik kann als intelligente Bereitstellung und Verwendung von Mitteln für Zwecke definiert werden. Auch Macht definiere ich gern als Verfügbarkeit von Mitteln für freigehaltene Zwecke. Charakteristisch ist in diesen Definitionen die Distanz zwischen Reiz und Reaktion. Wahrnehmungen ermöglichen Urteile; Urteile befähigen zum Handeln: Agieren, nicht nur Reagieren; die Aktion aber wird durch das Bereitstellen ihrer Mittel ermöglicht. Ohne die Beziehung zwischen Zweck und Mittel gäbe es keine menschliche Zivilisation.

Aber eine der frühesten Erfahrungen der Menschheit scheint die Ambivalenz der Macht zu sein. Des Brudermörders Kain Nachkommen erfanden Schmiedekunst, Viehzucht und Musik (1 Mos. 4,20–22, s. oben Drittes Kapitel, 9). Der Turmbau von Babel (1 Mos. 11) ist das große Symbol des Problems.

Der Ackerbau setzt Technik voraus; sein Symbol ist der Pflug. Die Hochkulturen beginnen mit großen technischen Leistungen, so Städtebau, Bewässerung und Flußregulierung. Die Ernährung der Kulturmenschheit wäre nicht mög-

* *Bewußtseinswandel* I, 6: »Technik als Menschheitsproblem«.

lich geworden ohne Pflug, Wagen und Scheune. Die Institution des Kriegs wäre nicht möglich geworden ohne die Waffe: Pfeil und Bogen, Schwert, Lanze und Panzer. Und wo findet heute ein Mensch, der dieses Buch liest, einen Ort, der seine Gestalt nicht der Technik verdankte? Sucht er die unveränderte Natur, so braucht er Verkehrsmittel, um zu ihr zu gelangen. Der militärische und ökonomische Sieg des neuzeitlichen Abendlands über die anderen Kulturen ist nichts anderes als der Sieg überlegener Technik; was hilft Würde und Mut gegen Kanonen? Und wie könnte man heute fünf Milliarden Menschen am Leben halten ohne technische Landwirtschaft, ohne Verkehrsmittel und die technisierte Medizin?

Die Entwicklung der abendländischen Technik ist innig verflochten mit der Entwicklung der Naturwissenschaft. Die Seefahrt profitierte von Sternbeobachtungen, von Zeitmessung und dem Kompaß. Die klassische Mechanik förderte die Ballistik, die Dampfmaschine förderte die Thermodynamik, Elektrizitätslehre ermöglichte den Elektromotor und elektrisches Licht, Chemie förderte die Medizin und erzeugte die Kunststoffe. Dreihundert Jahre führten von der klassischen Mechanik zur Atommechanik; knapp sieben Jahre von der ohne jede technische Absicht gefundenen Uranspaltung zum Abwurf der ersten Atombombe.

Seit langem habe ich vermutet, daß zur physikalischen und chemischen Technik eine vielleicht ebenso mächtige biologische Technik kommen wird. Züchtung wird seit Jahrtausenden geübt; heute zeigen sich die Chancen und Gefahren einem breiteren Publikum in der Diskussion über die Gentechnologie. Auch eine psychologische Technik habe ich erwartet. Meinungsbildende Medien sind heute ein Anfang davon. 1950 habe ich in einem Vortrag* gesagt: »Ich möchte glauben, daß die Erfindung des Radios größere Ver-

* »Wohin führt uns die Wissenschaft?«, abgedruckt in *Zum Weltbild der Physik*, 7. Aufl. (1957).

antwortung mit sich bringt als die Erfindung der Atombombe. Denn Propaganda greift tiefer als Bomben.«

Ich breche hier ab. Die Reflexion auf die Wissenschaft stellt uns vor die Frage, was sie denn weiß – nach Wahr und Falsch. Die Reflexion auf die Technik stellt uns vor die Frage, was sie denn tut – nach Gut und Böse. Die Reflexion auf die Technik stellt uns also vor die Frage nach dem Menschen, der sie in seiner Geschichte benutzt. Wir wenden uns zunächst zu den Humanwissenschaften. Das letzte Kapitel des Buchs wird die Frage neu aufnehmen, als die Frage, wohin wir gehen.

6. Humanwissenschaften

Wer sind wir? Wer ist der Mensch?

Jetzt fragen wir nicht mehr, wie wir Menschen einer Kultur uns in unserer Geschichte kennengelernt haben. Wir fragen, was die heutigen Wissenschaften mit ihren speziellen rationalen Verfahren uns über uns Menschen zu berichten wissen.

A. Medizin

Medizin ist, wie auch Jurisprudenz und Theologie, auf Praxis hin orientiert; alle drei sollten den Menschen helfen, ja, das menschliche Leben ermöglichen. Medizin, zum mindesten moderne somatische Medizin, kann man in ihrem theoretischen Gehalt dann aber als eine – oder die – Naturwissenschaft vom Menschen verstehen. Im einleitenden Abschnitt über die Einteilung der Wissenschaften wurde gesagt, daß sich zwar die Humanwissenschaften speziell auf den Menschen beziehen, daß aber Biologie und Physik weitere Bereiche betreffen, denen auch der Mensch angehört: Leben und Natur. Veterinärmedizin steht geschwisterlich zur Humanmedizin; die Tiere sind unsere Vettern, vieles gilt von ihnen wie von uns. Gleichwohl habe ich die Medizin spontan unter die Humanwissenschaften eingeordnet. Betreiben wir sie im Ernst, so lernen wir durch sie Entscheidendes über uns Menschen.

Wer Medizin studiert, lernt zunächst Physik, Chemie, Anatomie, Physiologie – lauter auf den Menschen anwendbare Naturwissenschaften. Die klinischen Fächer sind dann auf die Praxis orientiert. Es ist evident, daß ich, zumal als Nichtmediziner, hier nicht die Fülle der Krankheiten und die Fülle der Heilmethoden mustern kann. Deshalb gehe ich gleich zur Reflexion über. Was will medizinische Praxis? Und welche Erkenntnis braucht sie dafür?

Medizinische Praxis heißt Heilen oder wenigstens Pflegen. Sie will, soweit sie vermag, etwas ändern. Sie ist vom Begriffspaar der *Krankheit* und *Gesundheit* bestimmt. Dies sind für sie normative Begriffe: Gesundheit soll sein, Krankheit soll nicht sein. Wissen wir, was wir medizinisch mit diesen Begriffen meinen? Unter dem Titel »Biologie« haben wir schon von ihnen im theoretischen, speziell kybernetischen Zusammenhang gesprochen. Jetzt setzen wir gleichsam naiv noch einmal mit der Frage an: Wie kennen wir uns selbst als Gesunde, als Kranke?

Solange wir gesund sind*, fällt uns nicht auf, daß wir gesund sind. Gesundheit gehört zu jenen Phänomenen, die wir gerade deshalb nicht als besondere Phänomene wahrnehmen, weil wir alltäglich in ihnen leben. Wir entdecken sie durch ihr Ausbleiben. (Man könnte eben dies vom Sein überhaupt sagen.)

Wie aber erfahren wir Krankheit? Meist manifestiert sie sich durch eine Form des Leidens. Die Norm ist hier nicht von der Gesellschaft oder vom Intellekt gesetzt. Mein Körper selbst, meine natürliche Verfassung verkündigt die Norm. Auch die Tiere leiden. Und die biologische Reflexion

* Vgl. Fußnote S. 142.

macht es uns klar: Evolution konnte nur erfolgreich sein, wenn es Leidensfähigkeit als Wahrnehmung eines Signals des Unzuträglichen gab. *Leiden als Wahrnehmung:* subjektives Leiden als Wahrnehmung einer objektiven, bedrohlichen Wirklichkeit.

Wir kehren mit dieser Beobachtung noch einmal zu den Überlegungen des »Baugerüsts« (Viertes Kapitel, 4) zurück. Dort war das unterste der vier »Stockwerke« menschlichen Verhaltens als die »Einheit von Wahrnehmen und Bewegen« bezeichnet, aufgliederbar in vier Momente: Wahrnehmung, Urteil, Affekt, Handlung. Elementar, im tierischen Verhalten und im instinktiven Verhalten des Menschen, bilden diese Momente ein Kontinuum. Die Wahrnehmung selbst ist affektiv, der Affekt führt in die Handlung über. Die »Zweckrationalität« menschlichen Verhaltens trennt erst die affektive Wahrnehmung vom Handeln und schafft so einen Zwischenraum für das Urteil. Die Zweiheit von Handeln und Urteil, von »Wille« und »Verstand«, läßt dann oft die Wahrnehmung und den Affekt in die unbeleuchtete Restkategorie des »nur Subjektiven« entgleiten. Das Leiden aber ist einer der stärksten Affekte, eine affektive Wahrnehmung der Wirklichkeit; es nötigt uns, aus der fleißigen Selbstzufriedenheit unserer Willens- und Verstandeswelt herauszuschauen.

Was will und soll nun die Medizin – also der Arzt – ändern? Der durchschnittliche Patient wünscht sich natürlich die Befreiung vom Leiden. Das mag immer so gewesen sein; in der heutigen, an Zweckrationalität und Wunscherfüllung orientierten abendländischen Gesellschaft ist dieser Wunsch nach diesseitiger Leidensbefreiung aber vermutlich stärker als je zuvor in der menschlichen Geschichte. Daher das ständig zunehmende Bedürfnis nach Drogen, seien sie nun schmerzstillend oder rauschbringend. Für die Medizin aber ist der Schmerz, ist das Leiden zunächst der Indikator eines Schadens, einer Krankheit. Die Medizin strebt, die jeweilige Krankheit selbst zu überwinden. Nur dort, wo dies nicht gelingt oder wo im medizinisch überwachten Krankheitsverlauf die Indikatorfunktion des Schmerzes zeitweilig entbehrlich wird, kann und soll der Arzt, als Wohltat begrenzteren Ranges, den Schmerz beheben oder lindern.

Wir kommen damit zur persönlichen Rolle des Arztes, und, wenigstens ebenso wichtig, der Krankenpflege. Die historisch meist religiös bedingte, meist weibliche Rolle der beruflichen Krankenpflege, die Rolle der pflegenden Nonne oder Diakonisse, ist in unserer Geschichte eine der ehrwürdigsten Gestalten der aktiven Nächstenliebe. Die technische Funktionalisierung der Medizin, selbst eine vorerst wohl unvermeidliche, die Effizienz steigernde Wirkung ihrer Entfaltung als Naturwissenschaft, hat doch zugleich die Folge, daß der Arzt oft nicht mehr die Zeit und die Krankenpflege oft nicht mehr die Personen hat, die für den Patienten nötig wären. Denn nicht nur als Trost, sondern vielfach auch als Heilfaktor bedarf der Kranke der persönlichen Zuwendung*.

Die persönliche Zuwendung des Arztes – daß der Arzt »Zeit für den Patienten hat« – ist von hoher, nicht nur tröstender, nicht nur therapeutischer, sondern schon diagnostischer Bedeutung. Dies wird am sichtbarsten im psychosomatischen Zusammenhang. Viktor v. Weizsäckers Lebenswerk** bezeichnete er selbst als »anthropologische Medizin«. »Um Lebendes zu erforschen, muß man sich am Leben beteiligen« (V. v. W., *Der Gestaltkreis*, Vorwort zur 1. Auflage). Jede ernstzunehmende Krankheit spielt eine spezifische Rolle in der Biographie des jeweiligen Patienten; diese Rolle zu verstehen, ist eine Aufgabe des Arztes. Nicht

* Dazu zwei Aufsätze: Elisabeth Pflanz, »Weil auch die Seele lebt«, *Die Union* (Dresden), 2.–3. März 1991, und Dietrich Rössler, »Zwischen Krankheit und Gesundheit. Über die Beziehung zwischen Arzt und Patient«, in: M. Krüggeler, M. Junker, W. Möhler (Hrsg.), *Löscht den Geist nicht aus*, München 1991.

** Jetzt als *Gesammelte Schriften* im Suhrkamp-Verlag, Frankfurt/M., erscheinend. Dazu mein Aufsatz über ihn in *Der Garten des Menschlichen*, II, 3: »Die Einheit von Wahrnehmen und Bewegen«.

zwei Biographien oder zwei Charaktere sind gleich, also auch nicht zwei Patienten. Darum sind bei V. v. Weizsäcker, wie (vgl. unten im Abschnitt »Anthropologie«) bei Freud, die Krankengeschichten oft der erleuchtendste Teil seiner Schriften. Wir werden alsbald, im Abschnitt »Geisteswissenschaften«, auf das allgemeine Problem des Verstehens von Menschen durch Menschen zurückkommen. Verstehen ist schwer, es wird oft nicht gelingen; aber der Arzt darf sich der Tatsache nicht verschließen, daß der Versuch des Verstehens ein zentraler Teil der ärztlichen Aufgabe ist.

Aus der Praxis zurück in die Theorie. Der theoretische Dualismus von Leib und Seele dürfte eine der häufigsten Fehlerquellen in der modernen Entwicklung der Medizin sein. Der Schamane, der noch magisch denkende Medizinmann primitiver Kulturen, ist wenigstens vor *diesem* Fehler besser geschützt. Erst seit kurzem ist »Psychosomatik« ein anerkanntes Fach in der modernen Medizin. Manchmal spricht man von »psychosomatischen Krankheiten«, was wohl heißt: psychisch verursachten somatischen Leiden. Das ist ein wichtiger Teilaspekt. In Wahrheit ist der psychosomatische Gesichtspunkt durchgängig, eben »anthropologisch« wichtig. V. v. Weizsäcker sagte gern »der Leib ist klüger als das Bewußtsein«. Etwa ein psychisch in hemmungslose Aktivität getriebener Mensch kann oft nur noch durch eine körperliche Krankheit zur Ruhe, zur Besinnung gebracht werden.

Man kommt hier zur Frage, was es bedeutet, einen Mitmenschen, hier den Patienten, ernstzunehmen. In dem seit etwa zwei Jahrzehnten immer mehr auch öffentlich diskutierten Fragenkreis der »medizinischen Ethik« ist diese Frage vordringlich. Der theoretische Ethiker, der sich nicht auf die Einzelheiten der konkreten Medizin einläßt, kann so problematisch werden wie umgekehrt der technische Mediziner, der nur seine meßbaren Heilerfolge im Auge hat. Wie muß sich der Arzt verhalten, wenn er die Wahrheitspflicht gegen den Patienten weder schlicht leugnen, noch in verletzender Weise erfüllen will? Ist die Elimination der Krankheit für den Patienten, sei es durch Heilung, sei es durch Narkotika, die einzige oder letzte Aufgabe? Was lehren uns die Krankheiten?

Die theoretische Frage des Leib-Seele-Problems stellt sich der Medizin konkret z. B. im Studium kausaler Zusammenhänge von Bewußtsein oder unbewußt seelischen Vorgängen mit dem, was wir im Körper, »von außen«, beobachten oder doch durch Folgerung lokalisieren können. Die Gehirnforschung, schon an Tieren, ist hier zentral. Daß ich empfinde und denke, das weiß ich. Daß ich aber ein Gehirn habe, das ich dazu brauche, das glaube ich den Medizinern; selbst gesehen habe ich es nicht. Im Abschnitt über Quantentheorie habe ich die Vermutung gewagt, das Gehirn sei die seelische Wirklichkeit, »von außen gesehen«. Was dies konkret bedeuten kann, wird frühestens auf der Stufe der Quantentheorie diskutierbar. Ich lasse es hier offen.

B. Geisteswissenschaften

Bei diesem Thema beginne ich mit der methodischen Reflexion, um erst dann zu den Inhalten überzugehen.

Der Ausdruck »Geisteswissenschaften« entstammt einer spezifisch deutschen Tradition und wurde erst in der Mitte des 19. Jahrhunderts geprägt. Der etwa entsprechende englische Terminus ist *»humanities«*. Der deutsche Ausdruck grenzt sich in der ursprünglichen Tradition nur gegen »Naturwissenschaft« ab; »Geist« und »Natur« sind hier eine der deutschen philosophischen Sprache eigene Bezeichnung für den cartesischen Dualismus. Der englische Ausdruck ist eher methodologisch. Sein Gegenbegriff ist *»science«*, was das streng wissenschaftlich, gemäß Gesetzen Erforschbare bezeichnet und z. B. auch *»social sciences«* umfaßt. Den Titel als »Wissenschaft« nimmt die deutsche »Geisteswissenschaft« in Anspruch, den Titel als *»science«* wenden die

»humanities« heute nicht mehr auf sich an; ihre Wissenschaftlichkeit heißt *»scholarship«*.

Was ich soeben vorgeführt habe, ist selbst ein winziges Stückchen Geisteswissenschaft, nämlich Begriffsgeschichte. Geisteswissenschaft ist selbstbezüglich: sie gehört selbst zu ihren Gegenständen. Das wird sich für ihre Deutung als wichtig erweisen. Zweitens zeigt diese kurze Begriffsgeschichte, wie historisch flexibel die fundamentalen Begriffe der Geisteswissenschaft sind. Sie hängen nicht nur von der Geschichte ihrer Kultur ab (hier also der abendländischen), sondern sogar von der Geschichte der Nationalsprache, in der sie formuliert werden. Eben darum gönnt ihnen die heutige englischsprachige Wissenschaftstheorie nicht den Titel *»sciences«*. Ihre deutsche Selbstbezeichnung als »Geisteswissenschaften« wurde hingegen gerade geprägt, um gegenüber den seit der Mitte des 19. Jahrhunderts zur Dominanz aufsteigenden Naturwissenschaften den Anspruch der Wissenschaftlichkeit aufrechtzuerhalten. Damit aber entstand die philosophische Pflicht, zu sagen, worin diese Wissenschaftlichkeit besteht.

Der Titel »Scholar« bezeichnet einen »Gelehrten«; er hat in der Schule (*schola*) die historischen Tatsachen und literarischen Texte gelernt und kann sie nun lehren. Im Selbstverständnis der Naturwissenschaften entsprach dem die »Empirie«, die Sammlung vieler einzelner Erfahrungstatsachen. Die Naturwissenschaft aber erhob den Anspruch, nun *allgemeine Gesetze* herzuleiten, aus denen die Einzeltatsachen *kausal erklärt* werden können. Die Selbstdeutung der Geisteswissenschaft (um den Anfang unseres Jahrhunderts durch Philosophen wie Dilthey und Rickert) sah als ihre eigene Leistung dem Erklären gegenüber das *Verstehen* an, die Auffassung des Sinnes menschlicher Taten und Werke durch andere Menschen, eben durch den Wissenschaftler. Man sprach dann auch von der Naturwissenschaft als nomothetisch (Gesetze statuierend), von der Geisteswissenschaft als idiographisch (Eigentümliches beschreibend).

Hier aber stellt sich die Frage: Wie kann ein Professor die Handlungen eines Staatsmanns oder Feldherrn, die Werke eines Dichters, die Gefühle und Handlungen eines Volks oder einer Religionsgemeinschaft verstehen? Wie kann er einem anders Urteilenden nachweisen, daß er richtig verstanden hat? Dieser Fragenkreis der Methode und des Wahrheitsgehalts der Geisteswissenschaften wird heute – vor allem durch Gadamer* angeregt – unter dem klassischen Titel *»Hermeneutik«* erörtert. Griechisch heißt der Dolmetscher *hermeneus*; Hermeneutik dolmetscht uns gleichsam eine Rede oder Handlung. Der Dolmetscher muß zwei Sprachen beherrschen: die des Redners und die des Hörers. Eine zentrale Kunst der Geisteswissenschaft heißt auch *Interpretation*; der Interpret ist aber (z.B. französisch *interprète*, englisch *interpreter*) wieder der berufsmäßige Dolmetscher. In diesen Bezeichnungen spiegelt sich eine alte Erkenntnis, die aber erst im 19. Jahrhundert zentral wurde für das Selbstverständnis der Geisteswissenschaften: daß nämlich jeder Kulturkreis, jede Geschichtsepoche, jede Bildungsschicht, jede literarische und künstlerische Tradition, letztlich jeder einzelne bedeutende Autor eine eigene, von allen anderen in den jeweils ausgedrückten Gehalten verschiedene Sprache hat. Der gute Geisteswissenschaftler ist ein Dolmetscher, der viele Sprachen beherrscht. Der klassische Philologe muß nicht nur Latein und Griechisch können, attisches von dorischem Griechisch im Detail unterscheiden; er muß die tiefen sozialen und mentalen Unterschiede der archaischen Lyrik von hellenistischer Philosophie, der Geschichtsschreibung des Thukydides von der Rhetorik Ciceros durchschauen; und er sollte sie so verschiedenen Leuten wie Schülern eines Gymnasiums, kritischen Kollegen und interessierten Naturwissenschaftlern oder Künstlern nahebringen können.

Im Jargon der Informationstheorie habe ich das Problem einmal so ausgedrückt: Wenn die Signale eines Senders von

* H. G. Gadamer, *Wahrheit und Methode*, Tübingen 1960.

einem Empfänger korrekt sollen aufgenommen werden können, so muß der Empfänger mindestens den Komplikationsgrad des Senders haben. Der Mensch ist der komplizierteste Sender, den wir kennen. Daher kann ein Mensch nur, allenfalls, von einem Menschen verstanden werden. Und der einzelne geisteswissenschaftliche Interpret, der viele verschiedene Menschen verstehen soll, müßte, so scheint es, reicher an eigener Komplexität sein als alle von ihm interpretierten Menschen. Erstaunlicherweise aber kann dann eine Mehrzahl von Deutern, seien es nun Wissenschaftler oder z. B. Künstler, eine Wahrnehmung für menschliche Dokumente ausbilden, die echte Verständigung unter den Deutern selbst erlaubt, sei es nun in einer wissenschaftlichen Schule oder in einer künstlerischen »Ära«. Es gibt bei hinreichend begabten Interpreten einen kaum betrügbaren Sinn für Qualität.* Freilich ist auch dieses kollektive Verstehen dem Wandel unterworfen; einiges wird wahrgenommen, anderes nicht. Einzelne Hochbegabte können selbst das nicht Zeitgemäße wahrnehmen. Im 19. Jahrhundert wußten sehr wenige Deutsche, ein wie großer Dichter Hölderlin war; Nietzsche aber wußte es.

Die Geschichte des Wandels der Interpretationen ist selbst ein Gegenstand der Geisteswissenschaft. So erweist sich ihre Selbstbezüglichkeit als fundamental für ihr Verständnis.

Nun zu ihren Inhalten.

* Ich hörte einmal ein Gespräch an zwischen zwei jungen Naturwissenschaftlern und einem jungen Sprach- und Literaturwissenschaftler, der damals als Lektor an einem deutschen Verlag französische Romane darauf zu überprüfen hatte, welche davon man ins Deutsche übersetzen solle. »Wie viele Romane müssen Sie denn da lesen?« »Nun, etwa einen in zwei Tagen.« »Sie Armer!« »Ach nein, es macht Spaß. Außerdem sieht man ja nach 20 Seiten, ob der Roman gut ist.« »Sie meinen, ob er Ihnen gefällt.« »Nein, das ist etwas ganz anderes. Er kann mir sehr mißfallen, aber gut sein. Sogar das Umgekehrte kommt vor, daß er mir gefällt, obwohl er schlecht ist.« Die Naturwissenschaftler waren nicht zu überzeugen, aber ich – selbst Naturwissenschaftler – habe ihm sofort zugestimmt. Es gibt Qualitätswahrnehmung.

Zuerst die Wissenschaft von der *Sprache*. Sie ist schon antik. Wie das Quadrivium von Arithmetik, Geometrie, Astronomie, Musik der Ursprung der späteren Struktur- und Naturwissenschaften ist, so das Trivium von Logik, Grammatik, Rhetorik der Ursprung der Sprachwissenschaft. *Logik* heißt zunächst Lehre vom vernünftigen Reden (*logos*) und dann Schließen; es ist dann eine Entdeckung, daß sie mathematisch strukturiert werden kann. *Grammatik* lehrt korrektes Reden, *Rhetorik* weist partiell schon auf die Literaturwissenschaft voraus, ist aber primär im direkten Lebenszusammenhang gemeint: Rede gut! Alle drei Wissenschaften sind normativ gemeint; sie lehren, wie man reden soll und wie nicht. Die Frage, warum man gerade so reden soll, führt weiter in die Philosophie; Logik evidentermaßen, Rhetorik in die Sprache als Element menschlicher Kulturgestaltung, Grammatik aber in die Struktur der Sprache selbst. Ich erinnere mich noch, daß ich als Kind, wie die meisten Schüler, die Grammatik, obwohl sie mir keine Schwierigkeit bereitete, sehr langweilig fand, als Fünfzigjähriger, da ich Philosophie zu lehren hatte, aber brennend interessant.

Im Unterricht bedeutet Sprachwissenschaft dann auch das Lernen fremder Sprachen. So im europäischen Mittelalter die Universalsprache Latein für jeden Gebildeten, in unserer Zeit die Weltsprache Englisch, aber auch die praktisch notwendigen Sprachen der Nachbarn oder der Handelspartner. Die Sprachwissenschaft bedeutet schließlich eine Einführung in das Verstehen fremder Kulturen. Wie soll ich mich in eine Kultur einfühlen ohne Kenntnis ihrer Sprachstrukturen, ja ihrer Sprachmelodie? Wieviel sagt schon der Singsang des von Indern gesprochenen Englisch über Indien aus! Und philosophisch sind die syntaktischen Formen verschiedener Sprachen hochinteressant. Zwischen der griechischen Logik und der Struktur des indogermanischen Aussagesatzes, zwischen dem bestimmten Artikel und der Eidos-Philosophie (nicht nur »Hund« oder »Hunde«, sondern »der Hund« kann man sagen) besteht ein plausibler Zusammenhang. Haben Griechen diese philosophischen Formen erfunden, weil sie eine indogermanische Sprache sprachen, oder haben in grauer Vorzeit Menschen, die so dachten, diese Sprachform erfunden?*

Die so forschende Sprachwissenschaft ist in der täglichen Arbeit natürlich nicht mehr normativ, sondern deskriptiv. Als ich, noch jung und naiv, einen germanistischen Kollegen fragte, ob eine bestimmte umgangssprachliche Redewendung korrektes Deutsch sei, antwortete er: »Und das fragen Sie mich, einen Germanisten? Für uns gibt es nicht Richtig oder Falsch; für uns gibt es nur Sprachgebrauch.«

Wir gehen weiter zur Wissenschaft von der *Literatur.* Auch sie ist schon antik; Alexandria mit der berühmten Bibliothek war lange ihr Zentrum. Ihr griechischer Name Philologie heißt Liebe zum Wort. Sie ist ebenfalls im Ursprung nicht deskriptiv, aber auch nicht normativ, d. h. vorschreibend, sondern eben liebend, bewundernd, bewertend, überliefernd. Durch mehr als zweitausend Jahre verstand sie sich als Bewahrerin der Schätze der Kultur; so noch die Institution des »humanistischen« Gymnasiums, das ich als Kind besucht habe. Platon schrieb für Leser, welche die *Ilias* und die *Odyssee* auswendig konnten und jedes Zitat erkannten. Und ich habe noch (s. Drittes Kapitel, 29) von meinen philosophischen Doktoranden die Kenntnis der griechischen Sprache verlangt. Diese überliefernde Rolle der Philologie gewinnt dann in ihrer eigenen geschichtlichen Entwicklung sowohl einen spezialisierenden wie einen weiter umfassenden Aspekt: spezialisierend im Europa der Nationen auf die jeweils eigene Nationalliteratur, umfassend im Blick zunächst auf die nun »fremden« benachbarten Nationen, dann aber auch im erwachenden Blick auf die Weltkulturen.

Ehe wir uns dieser Entwicklung zuwenden, seien aber noch die zur Philologie geschwisterlich erwachsenen Wissenschaften von den *Künsten* genannt, mit üblichen Namen

* *Einheit der Natur,* I, 4: »Über Sprachrelativismus«.

insbesondere *Kunstgeschichte* und *Musikwissenschaft.* Im Terminus »Kunstgeschichte« meint »Kunst« die »bildenden Künste«, die Künste der Hand fürs Auge. Seit es diese Künste gibt, gab es wohl auch Schulen, die sie lehrten; am unausweichlichsten in der Architektur. Aber diese Schulen gehörten nicht zur Universität, sondern lebten inmitten der künstlerischen Praxis. Erst das 19. Jahrhundert, im Rahmen seiner Entfaltung der geschichtlich-deskriptiven Geisteswissenschaft, schuf das universitäre Fach der Kunstgeschichte. Die Musikwissenschaft hingegen firmiert zunächst im Quadrivium, ausgehend von der pythagoreischen Entdeckung der Harmonie als mathematisch faßbare Relation. Schwesterlich zu ihr stand einst die Astronomie: wie Gott die Harmonie der Sphären geschaffen hat, möge der Mensch die Harmonie der Instrumente und der Stimmen schaffen. Wie zur normativen Schule der bildenden Kunst tritt aber, akademisch wohl erst in unserem Jahrhundert, zur Schule der Musik die historische Erfassung und Beschreibung des Wandels der Stilarten, der Geschichte als respektierte Vergangenheit.

Die Spezialisierung auf die jeweils eigene Nationalkultur war naturgemäß weitaus am stärksten in der *Philologie,* weil es (»seit dem babylonischen Turmbau«) Nationalsprachen gibt. Zum Teil hat das Ernstnehmen der lokalen Sprache und Dichtung das Nationalbewußtsein überhaupt erst wach werden lassen. Politische und kulturelle Einflüsse durchdrangen sich gegenseitig. Im 18. Jahrhundert sprach man zeitweilig am Königshof in Potsdam französisch, in Kopenhagen aber deutsch. Heute fördert das deutsche Auswärtige Amt weltweit die »Goethe-Institute«. Aber neben die Rolle von Sprache und Literatur zur Selbstidentifizierung fällt der Blick der Wissenschaft eben zunehmend auf die Unterschiede der Epochen und Stile schon in der eigenen nationalen Geschichte, und dies ist ein Teil des Umfassendwerdens der Geisteswissenschaft.

Dieses Umfassendwerden hat eine thematische und eine methodische Stufenfolge. Thematisch erkennt man zunächst schrittweise zunehmend das Besondere, von uns selbst Verschiedene in den schon bekannten Phasen unserer eigenen kulturellen Geschichte: so in der eigenen nationalen Literatur und Kunst, dann in deren europäischen Voraussetzungen, neuzeitlichen, mittelalterlichen, antiken. Weiterhin aber sind uns die Nachbarkulturen in den Blick gerückt: schon im Mittelalter der Islam, in der Neuzeit Indien, das indianische Amerika, Ostasien, eher noch später Schwarzafrika und ringsum die »Primitiven«. Die methodische Abfolge sei am Begriff des *Stils* erläutert. Das Wort »Stil« bedeutet zunächst einen Pflanzenstengel (Stiel), dann das Schreibgerät, dann die Weise des Schreibens. »Er schreibt einen guten Stil«, heißt gleichnisweise dasselbe wie »er führt eine gute Feder«. Nun wird auch eine spezifische löbliche Schreibweise so bezeichnet; in Dantes Jugend der *»dolce stil nuovo«*. Aber auch Kritik wird so bezeichnet; die italienische Renaissance nannte den zu überwindenden Baustil der nordalpinen Barbaren den »gotischen« Stil. Hier sind wir schon in der bildenden Kunst. Die Kunstgeschichte des 19. Jahrhunderts unterscheidet Stilepochen. Auf die positiv oder negativ *bewertende* Verwendung des Stilbegriffs folgt hier eine *deskriptive*. Eine dritte Stufe, die man erst eigentlich *hermeneutisch* nennen kann, wird danach möglich. »Verstand eigentlich die Renaissance die Gotik? Verstand der Klassizismus den Barock?« Aber auch wir selbst bauen nicht Gotisch oder Barock, allenfalls »neugotisch«, was wiederum anders ist. Verstehen *wir* denn die alten Stilepochen? Die hermeneutische Besinnung erfährt zuerst die *legitime Fremdheit* des Vergangenen oder Ausländischen. Dann aber lernt sie eben die Dolmetscherkunst: das *Verstehen des Fremden als Fremdes.* Es folgt aber womöglich eine dritte Phase: die *distanzierende Selbsterkenntnis.* Ich erkenne nun *meinen* Stil *als* Stil. Zum Reichtum der künstlerischen oder geisteswissenschaftlichen Kultur gehört die *Spiegelung des Eigenen im Fremden.* Goethe, von der Arabistik seiner Zeit belehrt, sagt im *West-Östlichen Divan:*

Herrlich ist der Orient
Übers Mittelmeer gedrungen;
Nur wer Hafis liebt und kennt,
Weiß, was Calderon gesungen.

Sich in Calderón zu spiegeln, das war eine Selbstverständlichkeit, die Goethe nicht mehr auszusprechen brauchte.

Das jetzige Buch hat im Dritten Kapitel versucht, so das Heutige in der abendländischen Vergangenheit geisteswissenschaftlich zu spiegeln, in den Abschnitten über Evolution im Zweiten und Vierten Kapitel aber das Menschliche naturwissenschaftlich in der Geschichte des Lebendigen. Für die Spiegelung des Abendlands im Orient fehlen mir die hinreichenden Kenntnisse, doch komme ich im Siebten Kapitel darauf zurück.

Die drei »oberen« Fakultäten sind primär auf Praxis bezogen und insofern, soweit sie Wissenschaft lehren, den Humanwissenschaften zuzurechnen. Die Medizin habe ich – in somatischer Näherung – als Naturwissenschaft vom Menschen bezeichnet. Die Jurisprudenz hat vorwiegend sozialwissenschaftliche Hintergründe. Die Theologie und die für die vierte Fakultät namengebende Philosophie rechnet man den Geisteswissenschaften zu. Ich würde hier noch etwas feiner unterteilen.

In der *Philosophie* unterscheidet man *systematische* von *historischen* Studien. Die systematische Anstrengung, als Ausarbeitung der sokratischen Frage »Weiß ich denn, was ich sage?« setze ich jenseits der »positiven« Wissenschaften an. Geschichte der Philosophie hingegen ist eine Geisteswissenschaft wie jede andere; denn auch Literatur oder Kunst ist zwar hier Gegenstand der Wissenschaft, ist aber nicht selbst eine »positive« Wissenschaft. Aber wohl noch mehr als von der Kunst gilt von der systematischen Philosophie, daß sie ohne gründliche historische Kenntnisse nicht erfolgreich ausgeführt werden kann; davon wird am Anfang des Sechsten Kapitels die Rede sein.

Die *Theologie* führt in drei Fragenkreise: die *systemati-*

sche, die *historische* Theologie und die allgemeine *Religionswissenschaft.* Von systematischer und historischer Theologie gilt, mit angemessenen Nuancen-Unterschieden, wohl dasselbe wie von systematischer und historischer Philosophie; dazu das Siebte Kapitel. Hier aber ist wesentlich, daß in unserer theologischen Tradition historische Theologie überwiegend als Geschichte unserer eigenen jüdisch-christlichen Tradition verstanden wird. Ich halte es für ausgeschlossen, den Dienst zu vollbringen, den die historischen Studien der systematischen Anstrengung leisten sollen, wenn der umfassende Blick auf die Religionen außerhalb unserer Tradition nicht mit wenigstens derselben Ernsthaftigkeit durchgehalten wird wie der Blick auf uns selbst.

Das Wort »historisch« wurde hier zunächst nur für das Studium literarischer und künstlerischer Dokumente verwendet. Der andere große Bereich der Geisteswissenschaften umfaßt die *politische Geschichte* im weiten Sinne des Wortes »politisch«. Dabei tritt unvermeidlich eine Überlappung ein mit dem Felde der sogenannten Sozialwissenschaften, die wissenschaftsgeschichtlich im 19. Jahrhundert noch selbstverständlich zu den Geisteswissenschaften gerechnet wurden.

Auch die politische Geschichte als anerkanntes Arbeitsgebiet war den Griechen von früh an vertraut. Dem gingen, in den großen vor- und außereuropäischen Kulturen, schon Chroniken, Epen, Reflexionen voraus. Die erste Hälfte des Alten Testaments besteht aus historischen Büchern, unter denen nach meinem Empfinden die beiden Samuel-Bücher zur klügsten Geschichtsschreibung der Weltliteratur gehören. Bei den Griechen ist der große Entwurf politischer und kultureller Geschichte in der Spannung zwischen Asien und Europa bei Herodot vorhanden, der zugleich wie ein weitgereister Gentleman zu erzählen weiß. Thukydides ist einer der Historiker, die selbst aktiv an der Geschichte Anteil gehabt haben; bei ihm ist der Entwurf wahrheitsgemäßer Präzision durchreflektiert und vollzogen. Ich gehe nun nicht die Reihe großer Historiker in zweieinhalb Jahrtausenden durch. Wovon aber redeten sie?

»Polis« heißt Stadt, also die den griechischen Intellektuellen vertraute Form menschlicher Gesellschaft. Der Mensch ist nach Aristoteles ein *»zoon politikon«*, ein auf Gesellschaft bezogenes Wesen. »Gesundheit der Gesellschaft«, wie alle Gesundheit, fällt nicht auf, solange man sie hat. Das große Problem der Gesellschaft ist die Verteilung der Güter, folglich auch die Verfügung über diese Verteilung, also die Macht, und schließlich die Legitimation der Macht, also Rang, Ehre, Würde. »Politik« ist die Kunst, Güter, Macht, Rang lebensfähig zu verteilen. Politische Geschichte ist die Geschichte des Scheiterns und Wiederherstellens dieser Kunst. Sie ist gleichsam die Geschichte der gesellschaftlichen Krankheiten und ihrer geglückten oder nicht geglückten Heilungen. Wir sind damit im Felde der Sozialwissenschaften und kommen dort auf diese Probleme zurück.

Aber die real geschriebene politische Geschichte war bis in unser Jahrhundert hinein zu einem überwiegenden Teil Geschichte des Handelns einzelner Personen. Das ist nicht verwunderlich. Güter gehen alle an, über Macht verfügt eine Minderheit, Rang zeichnete innerhalb dieser Minderheit ganz wenige Personen als Entscheidungsträger aus. Der Kampf der Wenigen um den Rang und, als Inhaber des Rangs, um die Entscheidungen macht den historisch vorwiegend ins Bewußtsein getretenen Teil der politischen Geschichte aus. Anteil der Massen am Handeln ist entweder befohlen, etwa im Krieg, oder er ist die seltene Unterbrechung des Handelns der Machthaber, die Revolution. Das Thema der Geschichtsschreibung war zu einem großen Teil Geschichte der Kriege, allenfalls des Ringens vor den Kriegen und der Friedensschlüsse. Ich lernte in der Schule z. B. »Salamis, 480 v. Chr., die Niederlage der Perser gegen die von Themistokles klug gelenkten Griechen, zumal Athener«. Das machte mir Eindruck. Wenn es den Athenern dann, gegen Sparta, schlecht erging, hielt ich mir die Ohren zu.

Echtes historisches Verstehen bedeutete in dieser Geschichtsschreibung gewiß einen tiefen Einblick in kulturelle, soziale, ökonomische Voraussetzungen, aber doch insbesondere das Verstehen der Handlungsmotive der Entscheidungsträger. Hier treten alle Strukturen der Hermeneutik auf. Wie verstehe ich das Handeln jener Personen? Es ist gleich falsch, ihnen ihre frommen Versicherungen zu glauben, wie, ihnen nur Niedertracht zuzutrauen. Es ist vielleicht kein Wunder, daß ehemalige (dann meist: gescheiterte) Politiker oder Heerführer als Historiker oft zur nüchternsten Beurteilung fähig sind, wie etwa Thukydides oder Machiavelli.

Historisches Verstehen verlangt auch in der politischen Geschichte die drei Momente der hermeneutischen Besinnung: die Erfahrung der legitimen Fremdheit der handelnden Personen gegenüber dem Beschauer; das Verstehen des Fremden *als* Fremden; die Spiegelung des Eigenen im Fremden. Das ist viel verlangt. Auch Historiker, welche diese Forderungen subjektiv voll anerkennen, erfüllen sie doch oft objektiv nicht, und merken es nicht einmal. Ein großer Dichter, wie etwa Schiller, kann seinen historischen Gestalten, wie Philipp II. im *Don Carlos* oder Wallenstein in der Trilogie, durch intuitive Wahrnehmung gerechter werden, als wenn er als Historiker über sie nachdenkt.

Nahe geht uns als Modell dieser Schwierigkeiten das Feld der Geschichte an, das man heute »Zeitgeschichte« nennt.* Ein Beispiel ist die Geschichte der Hitler-Ära in Deutschland. Menschen, welche erwachsen an jenen Ereignissen teilgenommen haben, hatten nach 1945 in ihrer Mehrheit ein instinktives Bedürfnis, über das in der nachträglichen Beurteilung Traumatische jenes Erlebens zu schweigen; eine kleine Minderheit hatte ein dringendes Bedürfnis, darüber mit starkem Affekt zu reden; beide fanden die Distanz zu sich selbst als vergangene Akteure nicht. Jüngere fühlten

* *Bewußtseinswandel*, Kap. 6, 1: »Die Rolle des Zeitzeugen«.

dieses Schweigen und witterten mit Recht das darin verhüllte moralische Problem; aber sie vermögen sehr häufig dieses Fremde nicht »als Fremdes zu verstehen«; so fehlt ihnen die Fähigkeit zur Spiegelung des Eigenen im Fremden. Gerade diejenige Zeitgeschichtsschreibung, die das Versteckte enthüllen möchte, bleibt, selbst wenn sie sich des strukturellen Problems theoretisch bewußt wird, oft meilenweit von der Fähigkeit, das Geschehene auch nur korrekt, zumal in seinen Motiven, zu verstehen.

Verstehen ist nicht leicht, es ist nie vollständig, es ist immer neuer Korrektur zugänglich, es verändert den Verstehenden selbst. Die Bemühung um das Verstehen ist lebenswichtig.

C. *Sozialwissenschaften**

Unter diesem Titel soll von vier Wissenschaften die Rede sein: Jurisprudenz, Ökonomie, Soziologie, Politik. Gemeinsam ist ihnen das Thema der menschlichen Gesellschaft.

Jurisprudenz war im Rang die zweite der vier klassischen Fakultäten. Sie umfaßte zwei Bereiche: das *bürgerliche* und das *kanonische* (kirchliche) Recht: *ius civile* und *ius canonicum.* Promoviert wurde man in der Fakultät zum »Doktor beider Rechte« (*iuris utriusque doctor*). Das bürgerliche Recht ging auf das römische Recht in der Kodifikation als Corpus Juris Civilis des Kaisers Justinian zurück. Man wird sagen dürfen, daß dieses Recht, neben der politischen Institution des Papsttums, das dauerhafteste Erbe des Römischen Reichs im Abendland geblieben ist. Das kanonische Recht entstammt der Geschichte der Kirche im Römischen Reich.

Was ist Recht?

Die beiden klassisch rangersten Fakultäten, Theologie und

* Vgl. *Einheit der Natur,* Kap. I, 1: »Wie wird und soll die Rolle der Wissenschaft in den siebziger Jahren aussehen?«, Abschnitt 5: »Gesellschaftswissenschaften«.

Jura, sprachen in ihrem Praxisbezug normativ. Sie sagten, was wir tun sollen. Was war der Unterschied dieser Normen? Die Theologie nahm für sich die Auslegung der *sittlichen* Normen in Anspruch; die Jurisprudenz die Auslegung der *legalen* Normen. Was aber bedeutet nun diese Unterscheidung? Stellen wir die Frage zunächst nicht philosophisch-prinzipiell, sondern mit dem in der Juristenzunft eingeübten gesellschaftlich-politischen Realismus, so könnte die Antwort lauten: Die Theologie war der intellektuelle Interpret der Macht der Kirche und ihrer Forderungen an den Menschen; die Jurisprudenz aber war der intellektuelle Interpret der »weltlichen« Instanzen, die man später als »Staat« und »Gesellschaft« bezeichnete. Schon im späteren Mittelalter waren Juristen die Berater der Könige. Im gesellschaftlichen Denken gehörte die Jurisprudenz zu den Wegbereitern der Aufklärung. Der größte Philosoph der Aufklärung, Immanuel Kant, unterscheidet dann prinzipiell *Moralität* (Sittlichkeit) als Handlung aus Achtung vor dem Gesetz von *Legalität* (Gesetzmäßigkeit) als Handlung in Übereinstimmung mit dem Gesetz. Vor seinem eigenen Gewissen rechtfertigt den Menschen nur die Moralität seines Handelns. Die Gesellschaft aber darf über ihn nur hinsichtlich der Legalität seines Handelns urteilen; über die Moralität, d. h. über das Gewissen der Mitbürger zu richten, steht ihr nicht zu.

Woher stammen aber die legalen Normen? Die antike Rechtsphilosophie unterscheidet, ob Normen *»physei«*, von Natur, oder erst *»thesei«*, durch Setzung (»positiv«, von *»ponere«* = setzen) gelten. Die »Natur« ist hier die Natur des Menschen als eines vernünftigen Wesens, also die der Vernunft innewohnende Norm. Der Gedanke eines solchen *Naturrechts* geht durch die Scholastik an die europäische Aufklärung über (Grotius), welche ihn als Basis allgemeingültiger Normen gegen die Entsetzlichkeiten der Religionskriege und, im Völkerrecht, der nationalen Konflikte errichtet. Dem steht das *positive Recht* gegenüber, das vom Staat durch Gesetzgebung verfügt wird; das Wort »Ge-setz« enthält sprachlich schon die Setzung.

Im Felde dieser Unterscheidung entstehen unausweichliche moralische Fragen. Ich habe mehrfach öffentlich das *Legalitätsprinzip* des modernen liberalen Rechtsstaats, also die Beschränkung der Rechtsprechung auf die Legalität des Handelns, und damit den Verzicht auf das gerichtliche Urteil über die Moralität des Handelns, als den größten *moralischen* Fortschritt der neuzeitlichen Politik bezeichnet. Dies war der moralische Kern der neuzeitlichen Naturrechtslehre. Die Normen des Naturrechts aber sind, wenn man sie konkret formuliert, umstreitbar und zugleich sehr allgemein. Positives Recht ist unvermeidlich. Der »Rechtspositivismus« des 19. Jahrhunderts sah im Gehorsam gegen das gesetzte Recht die einzige unumstreitbare Norm – auch dies ein Respekt vor dem Legalitätsprinzip. Aber die Erfahrungen des 20. Jahrhunderts mit manifest unmoralischer, ja verbrecherischer Gesetzgebung mancher Regime führen unausweichlich zu naturrechtlichen Fragestellungen zurück.

Hier, wie vielfach, können und sollen wir nicht vermeiden, jenseits des normativen Anliegens deskriptive Fragen zu stellen. Wie sieht konkret die menschliche Gesellschaft aus?

Der Kern der Jurisprudenz ist nicht das dem Publikum auffallendere Strafrecht, sondern das Zivilrecht. Sein Ausgangspunkt ist der Begriff des Eigentums. So wird der Blick der Deskription zuerst auf die Wissenschaft der *Ökonomie* gelenkt.

»Ökonomie« bedeutete sprachlich zunächst »Haushaltslehre«. »Haushalten« aber, als Handlungsweise verstanden, ist nur mit *knappen Gütern* nötig. Ökonomie wird die Wissenschaft vom Umgang der Gesellschaft mit Gütern, die knapp sein können. Solche Güter werden vorgefunden oder produziert, werden getauscht oder verkauft, und es erweist sich vielfach als möglich, sie einvernehmlich quantitativ zu bewerten. Der Wertmaßstab nimmt selbst die Gestalt eines umtauschbaren Guts an, als *Geld.* Hiermit tritt die *Meßbarkeit*, also die Anwendung *mathematischen Denkens*, in eine *Humanwissenschaft* ein. Diese Quantifizierbarkeit beruht auf dem gesellschaftlichen Charakter des wirtschaftlichen Handelns. Hier löst sich die Ökonomie als eine *Sozialwissenschaft* aus den vorwiegend individualisierend verstehenden Geisteswissenschaften heraus. Der Aufstieg der quantitativen Ökonomie seit der zweiten Hälfte des 18. Jahrhunderts ging parallel mit dem Aufstieg der *Naturwissenschaften.* Sollte es möglich sein, auch Humanwissenschaften als *Gesetzeswissenschaften* aufzubauen?

Erfolgreich war die quantitative Ökonomie vor allem als Theorie des *Markts.* Ihre abstrakte Struktur kann ich hier nicht besprechen.* Politisch war sie seit Adam Smith egalitär-liberal: ein freier, transparenter, polypolistischer Markt aktiviert den Verstand von mehr Menschen als jede bürokratische Herrschaft.** Wissenschaftstheoretisch wurde die Markttheorie zu einem Stammvater der biologischen Evolutionslehre; ihre pessimistische Version bei Malthus motivierte den Selektionsgedanken von Darwin. Karl Marx, der ihre Struktur verstanden hatte, aber die durch den kapitalistischen Markt erzeugten Ungerechtigkeiten sah, hoffte durch die proletarische Revolution zum völlig freien Sozialismus zu kommen, zum Absterben des Staats. Der »real existierende Sozialismus« der letzten Jahrzehnte in Osteuropa war als Rückkehr zu Bürokratie das exakte Gegenteil dessen, was Marx gewollt hatte. Die Sozialdemokratie hat im Kapitalismus einen wichtigen Teil der Ziele des Sozialismus ohne Revolution durchgesetzt; Vorbedingung dafür war und bleibt der liberale Rechtsstaat. Auf dem Weltmarkt,

* Andeutend habe ich das versucht in: *Einheit der Natur,* III, 5. »Materie, Energie, Information«, Abschnitt 4: »Exkurs über Ware und Geld«; in: *Aufbau der Physik,* Kap. 5: »Information und Evolution«, Abschnitt 6: »Information als Nutzen«; und am ausführlichsten in: *Bewußtseinswandel,* Kap. 2.5 »Was ist die unsichtbare Hand?«

** Dazu *Bedingungen der Freiheit* (1990), Rede Nr. 7.

zumal im Süden, besteht vorerst keine Hoffnung, dasselbe zu erreichen, da das Analogon des liberalen Rechtsstaats in Gestalt einer international einklagbaren Rechtsordnung fehlt.

Ist aber nun die Ökonomie eine der Naturwissenschaft vergleichbare Gesetzeswissenschaft? Ich melde hier eine Skepsis gegen eben dieses Wissenschaftsideal an. Nicht die Schwierigkeit ökonomischer Prognosen ist das Problem. Meteorologische Prognosen sind noch kurzfristiger und, wenn langfristig gemeint, noch fragwürdiger. Aber in der Meteorologie kennen wir die Grundgleichungen und sehen mathematisch die Schwierigkeit ihrer »chaotischen« Lösungen ein. Das große Wunder der Physik, historisch zuerst in der Astronomie erkannt, ist, daß es in der Natur überhaupt mathematisch einfache Strukturen und Gesetze gibt. Aber schon in der Biologie reicht der »Physikalismus«, auch wenn er richtig sein sollte, nicht aus, um uns über den Grund des Bestehens genau der uns bekannten Organismen faktisch zu belehren. Der Verhaltensforscher leistet gegenüber Tieren schon ein »Verstehen«, das mit dem der menschlichen Hermeneutik verwandt ist. Freilich ist dann der Handlungsspielraum des Menschen noch unvergleichlich viel größer.* Das »Wunder«, das eine quantitative Ökonomie als Lehre speziellen menschlichen Verhaltens möglich macht, ist das Kommunikationsmittel des Geldes. Daß dieses seinerseits möglich wird, hat die Meßbarkeit von Gütermengen, Arbeitszeit etc. zur notwendigen Bedingung, setzt aber auch spezifische Kulturentwicklungen voraus. Die Ökonomie glaubt dies und stilisiert es einfach im Modell des »Homo

* Konrad Lorenz zitierte in einer kleinen Gesprächsrunde (im Beisein seiner Frau) seinen Lehrer Heinroth: »Die Vögel haben keine Sprache, weil sie, wenn sie sprechen könnten, einander nichts zu sagen hätten.« Ein Gesprächsteilnehmer sagte: »Herr Lorenz, es ist doch schade, daß Ihre Gans Martina nicht sprechen kann. Sicher würde sie Ihnen etwas erzählen, was Sie noch nicht wissen.« Lorenz: »Meine Gans – niemals! Von der weiß ich alles! Hätten Sie gesagt, meine Frau könnte mir noch etwas erzählen, was ich nicht weiß – das hätte ich geglaubt.« Frau Lorenz lächelte.

oeconomicus«. Es zu erklären, würde soziologische Einsichten voraussetzen.

In der *Soziologie* aber ist, anders als in der Ökonomie, das mathematisierende Denken nur peripher, nur forschungstechnisch anwendbar, etwa in der statistischen Auswertung präparierter Fragebogen. Dies gibt keine mathematisierbaren Einsichten in Kausalzusammenhänge. Das Geld ist ein singuläres Phänomen in der menschlichen Gesellschaft. Soziologische Empirie setzt die Leistung des Verstehens von Menschen durch Menschen voraus. Ihr Unterschied gegen die philologischen Geisteswissenschaften ist, daß sie das Verstehen nicht individualisiert, sondern generalisiert. Sie muß Verhaltensweisen finden, die bei vielen Menschen in vergleichbarer Weise vorkommen. Die damit nötige Vereinfachung ist im deskriptiven Feld vergleichbar der normativen Vereinfachung, die eine Vorbedingung juristischer Begriffsbildung ist. Zusammenleben der Menschen in der Gesellschaft verlangt Begriffe, die möglichst jeder auf sich anwenden kann. Doch sind eben diese Begriffe in hohem Maß von der Kultur und dem Zeitalter abhängig, zum Teil selbst von der Nation und der Gesellschaftsgruppe, vom Jahrhundert, ja dem Jahrzehnt.

Unter den Sachthemen aller Wissenschaften sind für unser konkretes Leben diejenigen der Sozialwissenschaften wohl die wichtigsten. Aber daraus folgt nicht, daß sie auch die wissenschaftlich zugänglichsten sein könnten. Ohne Einsicht in die jeweiligen hermeneutischen Voraussetzungen scheint mir Soziologie kaum wissenschaftlich fundierbar zu sein. Die tiefe Fremdheit zwischen der ökonomischen und der soziologischen Denkweise habe ich, gerade bei Versuchen der Zusammenarbeit zwischen beiden Disziplinen, oft beobachten können. Ich glaube von Soziologen in konkreten Zusammenhängen oft gelernt zu haben; vielleicht spiegelt sich dies da oder dort auch im jetzigen Buch. Die Inhalte der Soziologie hier adäquat darzustellen wäre ich nicht imstande.

Politik ist der Name einer Wissenschaft seit Aristoteles. Sie umfaßte einst praktisch alles, was heute Sozialwissenschaft heißt, soweit nicht speziell juristische Normativität gemeint war. Diese Wissenschaft versteht sich nicht primär als politische Geschichte, von der schon im Abschnitt über Geisteswissenschaften die Rede war, sondern als Deskription der Formen des politischen Zusammenlebens (»Verfassungen«, schon bei Platon und Aristoteles) und als normatives Studium seiner besten Formen. Ich habe das Thema unter »politischer Geschichte« mit dem Begriffspaar »Gesundheit und Krankheit« skizziert, unter den drei Themen »Güter«, »Macht«, und »Rang«.

Eine prinzipielle Frage ist: Warum muß es überhaupt *Staaten* als Rahmen gesellschaftlichen Lebens geben, innerhalb deren, kantisch gesagt, der »bürgerliche Zustand« geordneten Zusammenlebens besteht, zwischen denen aber (so Kant in *Zum ewigen Frieden*) noch der »Naturzustand« des Kampfs aller gegen alle herrscht? Die Organisationsform des Staats kann man mit der Entstehung der Stadt- und Hochkultur zusammenbringen: eine Menschengruppe, die nicht mehr, wie eine Familie, ein Rudel oder ein Dorf, dadurch zusammengehalten wird, daß jeder jeden kennt. Hier werden »objektive« Ordnungen nötig; nun eben gibt es Güteraustausch, Macht und Rang. Das Wort »Staat« (französisch *état*, englisch *state*) kommt aus dem lateinischen »*status*«, was einen objektiven Zustand meint, und gewinnt die heutige Bedeutung erst mit der Entstehung des neuzeitlichen Absolutismus, also als strikte, geplante Ordnung.

Heutige Politikwissenschaft hat viele empirische, deskriptive Facetten. Ihr zentrales, letztlich normatives Thema aber muß sein: Wie kann der »bürgerliche Zustand« zwischen den Staaten, menschheitsweit, entstehen? Denn in der Welt moderner Technik ist Krieg keine sinnvolle »Institution« mehr.

D. Anthropologie

Der Titel »Anthropologie« tritt hier auf, zunächst weil sich für eine anerkannte Wissenschaft, nämlich die *Psychologie*, keine überzeugende Einordnung unter den drei vorhergehenden Titeln finden ließ. »Psychologie« galt in älteren Zeiten als ein Zweig der Philosophie, wäre also hier unter Geisteswissenschaften zu nennen. Psychiatrie ist ein Zweig der Medizin, Psychoanalyse entstammt zum mindesten der Medizin und hat, trotz weitgreifender Ansprüche, ihren legitimen Anhaltspunkt nach wie vor in der Therapie. Empirische Psychologie im heutigen Sprachgebrauch benützt vielfach statistische Methoden und wird dann den Sozialwissenschaften zugerechnet. Schließlich gibt es eine naturwissenschaftliche Anlehnung an die Verhaltensforschung.

Es ist nicht zufällig, daß sich die Psychologie so nicht einordnen läßt. Psyche, Seele oder Bewußtsein, ist ein Begriff, der insbesondere bezeichnet, wie ein Mensch sich selbst wahrnimmt. Dies gilt in doppelter Weise. Unterscheiden wir an uns selbst Materie und Bewußtsein, etwa unter den Namen »Leib« und »Seele«, so ist die Seele das wahrnehmende Organ, welches den Leib wahrnimmt. Mediziner nennen das Propriozeption. Andererseits kann ich meinen eigenen seelischen Zustand wahrnehmen; man nennt das Introspektion. Seele ist so schlicht ein Name für den Menschen, insofern er wahrnimmt, will und bewegt. Darum begegnet uns diese Qualität des Menschen in allen Humanwissenschaften.

Hiermit beginnen aber erst die Fragen nach der Psychologie als Wissenschaft. Gingen wir vom ursprünglichen Konzept von Descartes aus (vgl. Zweites Kapitel, 2c), so wäre die Seele das Bewußtsein, das sich selbst kennt. Wieso kann dann eine empirische Erforschung der Seele nötig sein? Sie kennt sich ja. Die Wahrheit ist, daß die Seele sich in weitem Umfang *nicht* kennt. Ich drücke das aphoristisch aus durch den Satz: »Bewußtsein ist ein unbewußter Akt«. Methodisch folge ich diesem Gedanken, indem ich z. B. in diesem Buch damit beginne, zu fragen, wie ich mich selbst kennengelernt habe, also nach der meinem Bewußtsein verfügbaren Erinnerung, zwei Kapitel später frage, wie unsere Kultur sich selbst kennt, und mich als Teil dieser Kultur interpretiere, wieder zwei Kapitel später, also hier, frage, was die Wissenschaft heute über den Menschen zu sagen weiß, und in den nachfolgenden zwei Kapiteln auf die Voraussetzungen solcher Wissenschaft reflektiere. Ein Buch »Der Mensch in seiner Geschichte« ist gleichsam im ganzen ein anthropologischer Forschungsprozeß.

Einen Aspekt, der über dies noch hinausweist, enthält aber die in unserem Jahrhundert entstandene Psychologie des Unbewußten, auch Psychoanalyse oder Tiefenpsychologie genannt, die auf Sigmund Freud zurückgeht. Für diese Psychologie gibt es nicht nur die in unseren bewußten Akten impliziten, aber nicht thematisierten Voraussetzungen, die durch Empirie und kulturelle Reflexion sichtbar gemacht werden können. Es gibt vielmehr einen weiten Bereich unbewußter Inhalte, die zwar bewußtseinsfähig sind, aber normalerweise nicht oder nur symbolisch verschlüsselt im Bewußtsein auftauchen. Wesentlich ist dabei zunächst die Art der Erfahrung, die diese Inhalte erschließt. Sie setzt, in der medizinischen Sprache gesagt, zwei Personen voraus, nämlich den »Patienten«, dessen seelische Gehalte sie sind, und den »Therapeuten«, der den Patienten anleitet, sie zu erschließen. Kulturgeschichtlich erinnert dies an das Verhältnis des Beichtenden zum Seelsorger oder an die in Asien entwickelte Tradition der Meditationsschule unter Anleitung durch einen Meister. Die Formen dieser Partnerschaft sind in den drei Beispielen von Psychoanalyse, Beichte und Meditation recht verschieden, doch dürfte ein gemeinsames Vorgangsschema zugrunde liegen. Eine weitere Frage ist dann das theoretische Bild vom Menschen, also der anthropologische Entwurf, in dem diese Vorgänge gedeutet werden, etwa Freuds Schema vom Es, Ich und Über-Ich, oder

Jungs Begriff des kollektiven Unbewußten, oder die christliche Seelenlehre und andererseits die asiatische Sprechweise vom Selbst und der Erleuchtung. Doch scheinen diese an eine jeweilige Tradition der Kultur, sei sie nun wissenschaftlich oder religiös, anschließenden Deutungen oft heterogener als die Erfahrungen, auf die sie sich beziehen.

Wir haben die Vielheit der Wissenschaften betrachtet. Wir fragen nun nach der Einheit des Wirklichen.

Sechstes Kapitel
Skizze zur Philosophie

1. Die Aufgabe

Die Wissenschaft ist aus der Unterbrechung der Einheit von Wahrnehmen und Bewegen hervorgegangen. Der Hiatus zwischen Urteilen und Handeln ist ihr Anfang. Das *Urteil* wird sich seiner selbst als Urteil bewußt, indem es auf das direkte, naive Handeln zeitweilig verzichtet. Askese vom direkten Handeln macht Urteilen als eigene Handlungsform des Gedankens möglich. Eben dadurch wird der Mensch fähig, nicht bloß zu reagieren, sondern zu agieren.

Das direkte Urteil ist aber noch nicht Wissenschaft. Eine Askese vom naiven Urteilen wird nötig: das bewußte *Fragen*. Wissenschaft ist planmäßiges Fragen. Der Wissenschaftler ist der Mensch, dem sein Beruf erlaubt, die kindliche Neugier bis ins hohe Alter zum Motiv seines Handelns zu machen. Und eben daher rührt die gesellschaftliche Rolle der heutigen Wissenschaft als Lieferant von *Macht*, denn nunmehr sind die Urteile selbst nicht mehr bloße Reaktion, sondern Aktion.

Die normale Wissenschaft aber ist noch immer naiv in ihrem Fragen. Sie ist Rätsellösung unter einem längst erfolgreichen und eben darum nicht mehr befragten Paradigma, einem Vorbild des Lösungsverfahrens. Warum aber ist das Paradigma überhaupt erfolgreich? Weiß ich denn überhaupt, was ich sage, wenn ich rede? Weiß ich, was ich tue, wenn ich handle? Die Tätigkeit, solche Fragen bewußt zu stellen, vielleicht sogar berufsmäßig zu stellen, hat in unserer Gesellschaft einen Namen: sie heißt *Philosophie*. Philo-sophia heißt griechisch Liebe zum Wissen. Liebe heißt hier nicht Besitz des Geliebten, sondern Zuneigung und Verlangen nach ihm. Wissen heißt hier nicht nur technisches Können, nicht nur verfügbare Urteile, sondern Rückfragenkönnen und geistige Gegenwart der Antworten; man darf Sophia auch als Weisheit übersetzen.

Ist aber Philosophie überhaupt möglich? Lassen ihre Fragen definitive Antworten zu? Der Anspruch, definitive Gewißheiten zu finden, durchzieht freilich ihre Geschichte seit zweitausend Jahren. Ist, um ein modernes Beispiel zu nennen, der Anspruch heutiger Wissenschaftstheorie, eine wissenschaftlich korrekte Philosophie zu sein, die Lösung des Problems, oder ist er der Rückfall in eine naiv-wissenschaftliche Paradigmengläubigkeit?

Mit diesen Fragen befinden wir uns bereits mitten in der Philosophie. Philosophie ist, so sehen wir bereits, *selbstbezüglich*. Historisch gesehen hat diese Selbstbezüglichkeit zwei zusammengehörige Folgen: Philosophie ist wesentlich *nachträglich* und zugleich doch immer schon *vorweg anwesend.* Nachträglich stellt sie die Frage nach dem Sinn der schon von der Wissenschaft oder einer herrschenden Meinung gegebenen Antworten und nach dem Sinn der Fragen, die zu diesen Antworten führten. Sie dringt damit aber zu den, oft nicht voll artikulierten, ursprünglichen Fragen vor, die sich, oft unvollkommen, in den später beantworteten Fragen niedergeschlagen haben. Diesem immanenten Problem des Philosophierens ist der Leser des jetzigen Buches schon darin begegnet, daß dem Kapitel über die Wissenschaften ein Blick auf die abendländische Philosophie vorausging und ihm nun ein neuer Blick auf sie nachfolgt.

Philosophie ist also ein Elementarbedürfnis, das sich schon an die ersten menschlichen Gedanken anschließt. Ich sollte daher in die heute bei der aktuellen Reflexion unausweichliche überlieferte philosophische Sprache durch eine historische Betrachtung der Philosophie einführen.

Die frühen Antworten auf die philosophische Frage finden wir im *Mythos.* Mythos ist, wie die ihm nachfolgende *Kunst*, Wahrnehmung von Gestalt durch Schaffung von Gestalt. Dies ist selbst schon eine nachträgliche, philosophische Definition. Drei Begriffe sind in ihr benützt: *Wahrnehmen, Schaffen* und *Gestalt.* Wir werden ihre Genesis verfolgen müssen.

Philosophie im präzisen Sinn ist ein *abendländischer* Begriff. Wir sind hier von neuem, wie im Dritten Kapitel, genötigt, uns um der Kohärenz der historischen Erzählung willen auf die Geschichte unserer eigenen Kultur einzuschränken; der Blick auf die anderen Kulturen darf dann aber nicht ausbleiben. Begannen wir im Dritten Kapitel mit der Religion des Abendlandes und daher mit den Juden, so müssen wir jetzt für die Philosophie mit den Griechen beginnen.

Man kann Geschichte der Philosophie nicht direkt als Geschichte ihrer Begriffe schreiben. Derselbe sprachlich formulierte Begriff bedeutet bei jedem der großen Philosophen etwas für dessen Philosophie Spezifisches. Das kann nicht anders sein. Philosophie ist nicht Reflexion auf einen isolierten Gedanken, sondern auf das Ganze unserer Gedanken. Jeder der großen Philosophen hat dieses Ganze in einer ihm eigenen Weise verstanden.

Ich beginne deshalb mit dem ersten Philosophen, dessen Werk uns in seiner eigenen Sprache in einer gewissen Vollständigkeit überliefert ist, mit Platon. »Die abendländische Philosophie besteht aus ein paar Fußnoten zu Platon« (Whitehead). Ich schreibe eine Fußnote zu Platon.

2. Platon

In einer bewußt knappen Darstellung wie der des »Rundritts« muß ich mich an einen schmalen Leitfaden halten und wähle das Höhlengleichnis, erläutert durch das Liniengleichnis.*

* *Staat* 509d–518b: Ende des 6. und Anfang des 7. Buchs.

Im »Höhlengleichnis« vergleicht Sokrates uns Menschen mit Gefangenen, die in einer Höhle sitzen, an Kopf und Händen gefesselt, mit dem Blick auf die Höhlenwand gerichtet. Weit hinter ihnen brennt in der Höhle ein Feuer. Hinter dem Rücken der Gefangenen werden Figuren vorbeigetragen, deren Schatten im Lichte des Feuers sich auf der Höhlenwand abzeichnen. Diese Schatten halten die Gefangenen für die Wirklichkeit.

Ein Gefangener, der befreit wird, dreht seinen ganzen Körper und sieht nun die Figuren, deren Schatten er für die Wirklichkeit gehalten hatte. Dann darf er die Höhle verlassen. Im Tageslicht geblendet, kann er zuerst nur die Schatten der Gegenstände draußen sehen, Gegenstände, deren Abbilder die Figuren in der Höhle waren. Das ans Licht gewöhnte Auge sieht dann die Gegenstände selbst im Licht der Sonne. Das oberste, kaum ertragbare Licht ist die Sonne selbst.

Er steigt zurück in die Höhle und belehrt die Mitgefangenen über das, was er gesehen hat, über die Wirklichkeit. Aber sie glauben ihm nicht.

Was bedeutet dies?

Das Höhlengleichnis nennt vier Stationen:

4. die Schatten auf der Höhlenwand,

3. die hinter uns vorbeigetragenen Figuren, die diese Schatten werfen,

2. die Sonnenschatten der Gegenstände außerhalb der Höhle,

1. die Gegenstände außerhalb der Höhle, und, nicht mehr mit dem beschreibenden Blick zu erfassen, die Sonne.

Das Höhlengleichnis läßt, in unserer Durchschnittssprache geredet, drei Deutungen zu:

A. die moralisch-politische,

B. die mathematisch-physikalische,

C. die seelisch-mystische.

Ich wage zunächst, diese drei Deutungen zu präzisieren.

A. Moralisch-politisch gesehen:

4. Die Schatten in der Höhle sind unser alltägliches gesell-

schaftliches Verhalten. Wer ihre Abfolge vorhersagen kann, bekommt im Gleichnis einen Preis; modern gesagt: er wird reich, oder er gewinnt die Parlamentswahl.

3. Die Figuren, welche die Schatten werfen, sind die objektiven politischen, ökonomischen, sozialen Kausalitäten, der Gegenstand der Sozialwissenschaften. Wende deinen Blick um 180°, um nicht die Alltagsurteile, sondern ihre kausalen Gründe zu sehen.

2. Die Schatten der Gegenstände draußen sind die objektiven moralischen Normen.

1. Die Gegenstände im Sonnenlicht sind die leitenden »Ideen«, also Grundgestalten, zumal die der Gerechtigkeit.

0. Die Sonne ist die Idee des Guten.

B. Mathematisch-physikalisch gesehen:

4. Die Schatten in der Höhle sind die Sinneswahrnehmungen. Wer sie gut vorhersagen kann, bekommt den Nobelpreis.

3. Die schattenwerfenden Figuren sind die Gegenstände der Physik, heute z. B. die Atome und Felder.

2. Die Schatten in der Sonne sind die »*mathematiká*«, die mathematischen Gestalten.

1. Die Gegenstände in der Sonne sind die Prinzipien: Grenze und Grenzenloses, aus ihnen zuerst geformt die Zahlen.

0. Die Sonne ist das Eine.

C. Seelisch-mystisch gesehen:

4. Die Schatten in der Höhle sind unsere seelischen Gefühle. Wer sie zu leiten weiß, wird Meister unter den Menschen.

3. Die schattenwerfenden Figuren sind die wahren seelischen Motive, die Gegenstände der Psychologie.

2. Die Schatten in der Sonne sind die Archetypen seelischen Verhaltens.

1. Die Gegenstände in der Sonne sind die überpersönlichen geistigen Wirklichkeiten.

0. Die Sonne erfährst du in der Unio Mystica.

Das Höhlengleichnis schildert den Aufstieg und den Abstieg. Der Aufstieg ist Platons forschende Propädeutik, der Abstieg, soweit er ausgesprochen werden kann, ist Platons Philosophie. Die Gliederung in die drei Deutungen gehört noch in die Propädeutik: sie geht von drei Wahrnehmungsweisen der Höhlenschatten aus. Die Einheit der drei Deutungen zu verstehen, ist eines der Ziele der Philosophie.

Es ist hier nicht die Aufgabe, Platons Philosophie darzustellen. Ich will versuchen, zu sagen, wie sich die Themen des Höhlengleichnisses in der Sprache ausdrücken, in der ich heute zu denken vermag.

3. Abbildung aufs Baugerüst

Eine Strukturanalogie meiner Deutung des Höhlengleichnisses mit meinem als »Baugerüst« bezeichneten philosophischen Entwurf fällt mir nachträglich auf.

Das Baugerüst hat vier »Stockwerke«*:

4. Wahrnehmung, Urteil, Affekt, Handlung,
3. Zweckrationalität: Verstand und Wille,
2. Kulturelle Pointierungen: Theorie, Praxis, Kunst,
1. Einheit: Religion, Philosophie.

Näher:

4. Das unterste Stockwerk umfaßt die Weise, wie wir unser Verhalten alltäglich kennen. Handlung findet man unter der Deutung A, Sinneswahrnehmung unter B, Affekt unter C, Urteil durchzieht alle drei.

3. Die hinter uns vorbeigetragenen Figuren stellen die rationalen Konstrukte unserer Willens- und Verstandeswelt dar, mit deren Hilfe unsere Wissenschaften, nämlich B. Naturwissenschaft, A. Sozialwissenschaft, C. Psychologie die Welt unseres Erlebens kausal erklären können.

* Ich habe hier die Numerierung gegenüber dem Vortrag (Viertes Kapitel, 4) umgekehrt, um, wie im Höhlengleichnis, das einfache Oberste mit der Eins, das komplexe Unterste mit der Vier zu bezeichnen.

2. Die Pointierungen sind die Prinzipien, welche diese Konstrukte möglich machen. Sie tragen genau die drei Deutungen: B. Theorie, die paradigmatische Mathematik, A. Praxis oder Moral, das Denken in Normen, C. Kunst, die der Neuzeit noch mögliche Wahrnehmung der Archetypen durch Schaffung ihrer Bilder.

1. Die drei Pointierungen als Einheit zu verstehen, das würde die drei Deutungen einen: Philosophie. Die Philosophie aber versucht eben das zu denken, was der Mythos dargestellt hat, was in der Religion erfahren wird. Sie ist der Aufblick zu dem unaussagbaren Einen.

Das philosophische Prinzip des Kreisgangs fordert, angewandt auf Aufstieg und Abstieg, beide aneinander anschließenden Bewegungen mehrmals zu durchlaufen. Im ersten Aufstieg zeigt sich uns schrittweise in immer neuen Wahrnehmungen, was jeweils der Grund der vorangegangenen Stufe war. Platonisch gesprochen ist es der Aufstieg von der Sinnlichkeit zur Idee, zur ursprünglichen Gestalt. Im Abstieg beansprucht Platon, diese Begründung ausdrücklich werden zu lassen. Ich lese ihn so, daß damit gezeigt wird, daß auch die sinnlichen Gestalten vielheitliche Ideen *sind.* Wenn wir dann zum zweitenmal aufsteigen, so verstehen wir, was wir vorher nur ahnend wahrgenommen haben. Dem so geöffneten Blick enthüllt sich erst, was die obersten Ideen in ihrem inneren Zusammenhang sind. Damit bringt uns der zweite Abstieg erst ins Bewußtsein, inwiefern das anfänglich Vertrauteste, die vielheitlich bewegten Gestalten, eben Darstellung, also bewegte Gegenwart eben jenes inneren Zusammenhangs sind. Dieses Vertrautwerden setzt sich fort in weiteren Durchgängen; es darf vielleicht als das angekündigte Wiederabreißen des Baugerüsts nach vollzogenem Bau gelten. Und es läßt uns ahnen, was im historischen Fortschreiten noch auf uns wartet.

Ich versuche nun, in wenigen Andeutungen zu durchlaufen, was sich uns auf diesen Kreisgängen in den drei Wegen und ihrer Zusammengehörigkeit zeigt.

4. Der moralisch-politische Weg

Unser alltägliches gesellschaftliches Verhalten und die Versuche, es kausal zu verstehen, habe ich unter dem Titel »Humanwissenschaften« im Kapitel »Wissenschaft« vorläufig erörtert. In der hermeneutischen Geisteswissenschaft lernen wir, jeden einzelnen Menschen, jede einzelne gesellschaftliche Gruppe, jede Kultur, jede geschichtliche Epoche als eine einmalige Individualität zu verstehen. Menschen lassen sich nicht wahrheitsgemäß einem System einordnen: es gibt einen »Garten des Menschlichen«.

Aber wir haben doch Begriffe, in denen wir über Menschen urteilen. Die Sozialwissenschaften versuchen, diese Begriffe in eine Ordnung zu bringen. Wir mußten sie in jenem Kapitel mit offenen Fragen hinterlassen. Gibt es philosophische Begriffe, die uns wenigstens noch einen Schritt weiterführen können?

In dem Buch *Der Garten des Menschlichen*, erläutert im Aufsatz »Anthropologische Begriffe« (*Zeit und Wissen*), habe ich drei Gesichtspunkte für eine »geschichtliche Anthropologie« genannt. Sie sind aus meiner persönlichen Erfahrung entnommen, erneut ohne Anspruch auf systematische erschöpfende Relevanz. Ich meine dort, man dürfe keine Scheuklappen haben gegen Deutung menschlicher Geschichte im Lichte *biologischer Vorgeschichte*, *kritischer Gesellschaftstheorie* und *religiöser Erfahrung*. Diese drei Grundmotive jenes Buchs entsprechen den drei Wegen der Deutung des Höhlengleichnisses: Kritische Gesellschaftstheorie ist moralisch-politisch, Biologie naturwissenschaftlich, religiöse Erfahrung seelisch-mystisch.

Im jetzigen Abschnitt haben wir es zunächst mit der *kritischen Gesellschaftstheorie* zu tun. Die Ausdrucksweise stammt aus der Zeit meiner Zusammenarbeit mit Jürgen Habermas. Habermas ist für meine Wahrnehmung ein Kantianer der praktischen Philosophie, also des kategorischen Imperativs. Er studiert aber auf dem Wege, den Hegel, dann

Marx und schließlich die Sozialwissenschaft unseres Jahrhunderts eingeschlagen haben, die sozialen, historischen Bedingungen der Ermöglichung einer am kategorischen Imperativ orientierten Gesellschaft. Dies entspricht hier der zweiten Stufe, den objektiven moralischen Normen. Habermas' Anliegen ist hier die »Wahrheitsfähigkeit des Normativen«. Dies ist auch ein platonisches Anliegen, dem ich willig folge. Idee ist bei Platon das, was die Vernunft als seiend erkennen kann. Die Idee der Gerechtigkeit ist die leitende Gestalt der moralischen Normen.

Die Moral zu verstehen ist jedoch ein Problem. (*Wahrnehmung der Neuzeit*, S. 388–402). Moral ist im allgemeinen prohibitiv, d. h. nicht vorschreibend, sondern nur verbietend. In traditionellen Gesellschaften gilt sie unerklärt. Wer ihre Geltung erklärt, hat sie schon bezweifelt. In der jüdischen Tradition war ihre Unerklärtheit dadurch gesichert, daß sie Gottes ausdrückliches Gebot war. Der Zweifel an ihr ist eben als Teil des Rationalisierungsprozesses, den wir Aufklärung nennen, unvermeidlich. Das Motiv des Zweifels kann selbst moralisch sein. Erfüllen die überlieferten Normen denn einen moralisch überzeugenden Zweck? Und erweist sich die Selbstgerechtigkeit der Moralisten nicht oft als abgrundtief böse? Platon erläutert die moralischen Normen sehr wohl durch ihren Überlebenswert für die Gesellschaft.

Wollen wir im heutigen, von der Wissenschaft geprägten Denken hier tiefer dringen, so ist die biologische Fragestellung lehrreich. Es gibt das moral-analoge Verhalten der Tiere. Die Tiere erkennen nicht das Einzelne, sondern die Gestalt des Geschehens. Ich sage gern: die Tiere leben im Eidos; erst der Mensch unterscheidet das Eidos vom Einzelfall. Moralische Normen sind eine Gestalt des Eidos. Die uns aufgetragene Philosophie muß die Moral zugleich im Lichte der Natur und der Religion beurteilen. Sie muß die Einheit der drei Wege vollziehen.

5. Der mathematisch-physikalische Weg bei Platon

Hier mache ich zuerst nun doch eine interpretierende Bemerkung zu Platon selbst. Sie scheint in der bisherigen modernen Platon-Deutung nicht in ihrer Strenge erwogen worden zu sein. Die These ist: Die Feuer-Atome des Timaios sind nicht materielle Gebilde von der Form der Tetraeder, sondern sie sind bewegte mathematische Tetraeder. Zur Begründung stütze ich mich auf die drei Dialoge *Sophistes, Timaios, Philebos.**

Der Aufstieg ist Platons Propädeutik, der Abstieg ist erst seine Philosophie. Die Möglichkeit des Abstiegs wird in der zweiten Hypothese des Parmenides gezeigt. Der Abstieg kann von den fünf größten Gene des *Sophistes* aus beginnen. Unter ihnen ist die Kinesis, die Bewegung. Die »Ideenfreunde« des Sophistes sind noch im Aufstieg befangen. Die Kinesis als Genos unter den obersten Fünf zeigt, daß die Ideen selbst an der Bewegung teilhaben; sie selbst sind bewegt. Den *Philebos* kann man als Kommentar zum *Timaios* lesen. Im *Philebos* gibt es zwei Prinzipien: *peras* und *apeiron*, Grenze und Unbegrenztes. Ich übersetze sie mit Picht als Struktur und Kontinuum. Wieso kann es zwei Prinzipien geben? Gemäß dem Parmenides gibt es als *archē*, als eigentliches Prinzip nur das Eine. Wenn das Eine, gemäß dem Zeugnis des Aristoteles, mit der Idee des Guten gleichbedeutend ist, so ist es jenseits der *ousia*, der Seiendheit. Setzt man gemäß der zweiten Hypothese des Parmenides an, daß Eines *ist*, so ist durch diesen Schritt in die Seiendheit ein unbegrenzter Abstieg programmiert. In ihm geschehen die Ideen. Ich sage »geschehen«, denn sie sind bewegt. Gleichwohl entstehen und vergehen sie nicht. Neuplatonisch gesagt, sind sie in der ewigen Anschauung des Einen durch den *nous*, die

* Formuliert habe ich die These im Aufsatz »Eine Notiz über Platons Philosophie des Abstiegs«, erläutert in den Briefwechseln mit Gaiser, Spalt und Schnelle. Vgl. dazu: *Zeit und Wissen.*

zugleich ewige Ruhe und höchste Bewegung ist; das Gleichnis dieser Bewegung ist der Kreis. Der Abstieg geschieht gemäß der Zahl. Die Bewegung, die wir erfahren, ist in der Zeit. Die Zeit ist der im Einen verharrenden Ewigkeit ewigliches, nach der Zahl fortschreitendes Abbild.

Gemäß dem Liniengleichnis gibt es außerhalb der Höhle zwei Stufen: oben die Ideen, weiter unten die *mathematiká*. Die Mathematik behandelt die von ihr studierten Strukturen als unbewegt. Nach Aristoteles ist dies eine Abstraktion von der bewegten Wirklichkeit. Picht versicherte mir, diese Auffassung des Aristoteles sei auch gut platonisch. Die Ideen sind bewegt, aber entstehen und vergehen nicht. Die Sinnendinge sind bewegt und entstehen und vergehen dabei. Im Abstieg des *Timaios*, bei dessen Deutung ich im wesentlichen Gaiser folge, wird dies erklärt, wenn die Atome der Elemente vielheitliche, gegeneinander bewegte reguläre Körper im Sinne der Mathematik sind. »Materie« im Sinne der klassischen Physik der abendländischen Neuzeit gibt es für Platon gar nicht. Deshalb sind die Feueratome nicht Abbilder von mathematischen Tetraedern, die aus »Materie« gemacht wären. Sie *sind* die vielen bewegten Tetraeder, welche im Übergang von der Einheit zur Vielheit, der sich auf jeder Stufe des Abstiegs vollzieht, »Abbilder« des »einen« Tetraeders der abstrakten Mathematik sind. Ihre Vielheit und Bewegung ist möglich in der »*chora*«, was wir mit »Raum« übersetzen. Die *chora* aber ist nur diejenige Gestalt, in welcher sich im mathematischen Abstieg das *apeiron* zeigt.

Angenommen, ich hätte hier Platons Entwurf ungefähr richtig geschildert, so bleibt die Frage, was seine zentralen Begriffe sind. Das Eine ist unaussagbar – hier öffnet sich der mystische Weg. Das Sagbare beginnt mit der Zwei, also der Zahl – hier öffnet sich der mathematische Weg. Die Möglichkeit des Fortschreitens fassen wir Menschen in der Zeit auf – hier öffnet sich der Weg unseres Handelns; weil Sein gut ist, öffnet sich der moralische und damit politische Weg, der das Seiende zu bauen befiehlt. Das mathematische Fortschreiten geschieht im Raum – hier öffnet sich der physikalische Weg. Physik wird möglich durch die Grenze im Unbegrenzten, durch die Figur im Raum, durch die Geometrie. Nur das Komplexe entsteht und vergeht, und dies geschieht in Ewigkeit. Fortschritt ist eine politisch-moralische Kategorie, als Wiederherstellung des doch periodisch wieder Verfallenden. Evolution, Fortschritt als Weltprinzip wäre ein gotteslästerlicher Gedanke – dann nämlich wäre die Welt nicht schon in Ewigkeit nach dem besten Vorbild gebaut.

Der Unterschied zwischen Platons Bild der Welt und dem unsrigen liegt in unserer Vorstellung von der offenen Zeit.

6. Die werdende Naturwissenschaft in den Augen von Aristoteles, Galilei, Descartes, Kant

Aristoteles setzt sich darin von Platon ab, daß er auch das Eine und das Sein der Logik unterworfen sieht (s. Viertes Kapitel, 1). Damit gibt er der Philosophie eine Gestalt, die dem empirisch-logischen Grundzug der abendländischen Wissenschaft eingefügt werden kann. Der Platonismus der frühmittelalterlichen christlichen Theologie ist wesentlich am mystischen Verständnis des Höhlengleichnisses orientiert. Die Aristoteles-Rezeption des Hochmittelalters öffnet den Weg zur begrifflichen Meisterung der empirischen Realität. In Raffaels *Schule von Athen* hält der Mann Aristoteles in einer Hand ein großes Buch und weist mit der anderen Hand in die Fülle der Welt hinein; der Greis Platon zeigt mit dem Finger zum Himmel.

Erfahrung ist Aufstieg vom Besonderen zum Allgemeinen, dessen Struktur die Logik durchsichtig macht. Die Philosophie des Aristoteles ist in den drei großen theoretischen Schriften ein Aufstieg: in der *Physik* vom Bewegten zum unbewegten Beweger, in *De Anima* von der Seele zum wissenden einen Geist, in der *Metaphysik* von den Prinzipien des Vielen zu der einen Wirklichkeit, der keine unerfüllte

Möglichkeit mehr aussteht. Der Gedanke eines Abstiegs wird zwar in der Theorie der deduktiven Wissenschaft entworfen, aber in der Philosophie nicht vollzogen. Ist für Platon die deduktive Mathematik das wissenschaftliche Paradigma, d. h. Beispiel, des Abstiegs, so sind für Aristoteles die essentiell empirische Biologie und die Logik als Kunst der Prämissensuche in der Debatte (vgl. Kapp) Paradigmen des Aufstiegs.

Die aufsteigende Philosophie des Aristoteles unterscheidet wie der Ansatz des ersten Aufstiegs bei Platon notwendigerweise zwischen dem Sinnending, das eine Gestalt »hat«, und der Gestalt (*eidos, morphé*) selbst. Das Ding ist ein *»synholon« (concretum)* aus Gestalt und Materie. Das lateinische Wort *materia* bedeutet wie der griechische Term *hyle* des Aristoteles in der Umgangssprache »Holz«, also den Stoff, aus dem z. B. Tische gemacht sind. Als abstrakte Prinzipien entsprechen dann *morphé* und *hyle* den platonischen *peras* und *apeiron*. Aristoteles aber verharrt im Aufstieg und so in der irreduziblen Zweiheit dieser Prinzipien in der empirischen Welt. Materie ohne Form, reine Möglichkeit, ist eine abstrakte Fiktion. Form ohne Materie ist im Bereich der bewegten Dinge ebenfalls eine Abstraktion. Sie sieht von der Bewegung ab: das ist Mathematik. Physik ist die Lehre vom essentiell Bewegten.

Ein für die heutige Sachdiskussion wichtiger Punkt: Nach dieser Definition gehört der aristotelische Begriff des Kontinuums als des unbegrenzt in gleichartiges Teilbaren zur Physik (vgl. »Das Kontinuum«, *Zeit und Wissen* II, 7). Teilen ist ein Modus der Bewegung. Im Abschnitt über Mathematik (Fünftes Kapitel, 2) habe ich anschließend an Cantor davon gesprochen. Kontinuität ist essentiell Möglichkeit, und Möglichkeit ist die Seinsweise der Zukunft, also in der Zeit. In der Deutung der Quantentheorie wird das Problem zentral. So nahe sind die Grundprobleme der heutigen Wissenschaft den heute meist vergessenen Problemen der klassischen Philosophie.

Galilei ist der historisch wohl wirksamste Repräsentant der Einführung der in der Astronomie immer herrschend gewesenen Mathematik in die irdische Physik. Ein noch heute nicht ganz verschwundener wissenschaftgeschichtlicher Mythos sieht in seiner Kritik an Aristoteles die Durchsetzung der Empirie gegen dogmatische Metaphysik. Dieser Mythos beschreibt nur das oft wiederkehrende Pathos der »Wissenschaftlichen Revolution« (Th. Kuhn), in der ein neues fruchtbares Paradigma sich gegen ein älteres Paradigma durchsetzt, das gerade wegen seiner eigenen außerordentlichen Fruchtbarkeit jahrhundertelang geherrscht hat und seinen Gläubigen damit zu starrgewordenen Dogmen, zum Verzicht auf Selbstkritik verholfen hat. In der Empirie, welche die Phänomene so hinzunehmen bereit ist, wie sie sich uns »von selber« zeigen, war Aristoteles Meister. Galilei führt das durch *Mathematik* gesteuerte *Experiment* ein. Er fühlt sich darin nicht zu Unrecht als Pythagoreer und als Platoniker im Sinne der mathematisch-physikalischen Deutung des Höhlengleichnisses.

Was aber ist der Geltungsgrund der Mathematik, 1. an sich, als Strukturtheorie, 2. in der beobachtbaren Natur?

Descartes, Galileis jüngerer Zeitgenosse, unternimmt es, dieses Problem zu lösen (vgl. »Warum wurde Descartes zum Cartesianer?« *Zeit und Wissen* I, 9). Mathematik ist das klassische Paradigma unerschütterlicher Gewißheit a priori, einer Gewißheit, welche die bloße Erfahrung nicht geben kann. Descartes sucht absolute Gewißheit. Das dürfen wir wohl als ein Beispiel des Machtpathos der neuzeitlichen Wissenschaft ansehen. Um Gewißheit zu finden und dann durchzusetzen, argumentiert er mit sich selbst: er zweifelt (vgl. *Zeit und Wissen,* I, 2, »Erkenntnistheoretische Vorüberlegungen«, Abschnitt »Zweifel«). Er findet das Erlebnis der Gewißheit zunächst in der Mathematik und im Selbstbewußtsein. Der Anschein von Gewißheit in der Mathematik freilich könnte mir von einem bösen Schöpfergott eingegeben sein. An meinem Zweifeln, also meiner Existenz als denkendes Wesen aber kann ich nicht zweifeln. Der »ontologische Gottesbeweis« (selbst nur als »Fußnote zu Platon« diskutierbar) zeigt mir dann, daß Gott, als das beste mögliche Wesen definiert, existieren muß, denn Existenz ist besser als Nichtexistenz, und daß er mich nicht betrügt, da er gut ist. Deshalb darf ich dem, was ich »hell und unterschieden« (*clare et distincte*) einsehe, trauen. Dies rechtfertigt die Mathematik. Als Lehre von »Dingen außer mir« ist sie Geometrie. So akzeptiert Descartes zwei »Substanzen«, die ausgedehnte und die denkende Substanz. Die Lehre von der ausgedehnten Substanz ist die Mechanik, die wir heute »klassisch« nennen.

Am Schluß des Zweiten Kapitels und im Fünften Kapitel unter »Quantentheorie« und »Biologie« habe ich die Unhaltbarkeit dieser Schlüsse im Licht heutiger Wissenschaft diskutiert. Hier möchte ich aber ihren »verborgenen Platonismus« hervorheben. Descartes hat sich wohl nie für einen Platoniker gehalten. Aber die innere Logik seines Unternehmens führt ihn auf verwandte Pfade. Der Zweifel und der ontologische Gottesbeweis sind die absolute Kurzfassung eines Aufstiegs. Von hier an muß seine Philosophie Abstieg in Gestalt einer streng deduktiven Wissenschaft sein. Hier wird er auf einige Analogien zum *Timaios* geführt, so wie ich diesen Dialog glaube auslegen zu sollen. So hat sich Descartes die Kritik der späteren Physiker zugezogen, indem er den Raum und die ihn erfüllende Materie nicht unterscheidet. Für ihn jedoch ist dies konsistent. Es gibt nur eine *res extensa*, diese ist eben die *extensio* selbst, d. h. sie ist der Raum. Also braucht er eine strenge Kontinuumstheorie, ohne jede leere Stelle. Freilich denkt er dieses Kontinuum in sich bewegt. So, meiner Deutung nach, denkt ja Platon auch seine mathematischen Gestalten bewegt.

Kant findet Newtons Mechanik vor, in der Raum und Zeit als absoluter Rahmen unterschieden werden von den in diesem Rahmen bewegten Körpern und bewegenden Kräften. Auch er steht, nunmehr nicht »dogmatisch«, sondern »kritisch«, vor dem Problem der Gewißheit der mathematischen Gesetze in der Natur. *Aus* Erfahrung läßt sich, wie Hume einsah, keine kausale Notwendigkeit logisch begründen. Woher ihr Erfolg *in* der Erfahrung? Kants Antwort: »Der Verstand schreibt der Natur die Gesetze vor.« D.h. zwar können wir nicht einsehen, daß rational aussprechbare Erfahrung überhaupt möglich sein muß. *Wenn* sie aber wirklich geschieht, so muß sie den »Formen der Anschauung« und den »Grundsätzen des reinen Verstandes« gemäß sein. Hierauf beschränkt sich Kant zunächst in der *Kritik der reinen Vernunft.* Auch er aber wird dann durch die innere Konsequenz seiner Argumente zu einer Philosophie des Abstiegs genötigt. In den *Metaphysischen Anfangsgründen der Naturwissenschaft* versucht er die Mechanik a priori zu begründen; das unvollendete Opus Postumum greift auf die ganze Physik aus. Die beanspruchte Gewißheit wird dadurch nicht gemindert, daß sie sich nach Kant nur auf Erscheinungen, nicht auf »Dinge, wie sie an sich selbst sein mögen« bezieht.

Gemeinsam ist den Entwürfen von Descartes und von Kant, daß beide beanspruchen, den Aufstieg zu den obersten Prinzipien in Strenge vollzogen zu haben, und damit zum Abstieg in einem umfassenden deduktiven System geradezu verpflichtet zu sein. Das widerspricht der induktiven Grundstimmung der Naturwissenschaft. So haben beide in der naturwissenschaftlichen Zunft keine dauernde Anerkennung gefunden. Damit ist aber das Sachproblem, das beide erkannt haben, nicht gelöst. Woher der phantastische Erfolg einfach mathematisch formulierbarer Gesetze in der unüberblickbaren Fülle der Erfahrungen? Der sogenannte »Realismus« ist nichts als das Ausweichen aus dem Problem in einen Glaubensakt: »Die Natur ist eben so mathematisch.« Der »Positivismus« erkennt die Schwäche dieses Glaubens; aber er kann Humes Problem nicht lösen, denn die fortdauernde Gültigkeit der Gesetze folgt nun einmal nicht logisch aus ihrem vergangenen Erfolg. »Realismus« und »Positivismus«, die feindlichen Brüder, sind Stilisierungen des Kinderglaubens der Naturwissenschaftler.

7. Der mathematisch-physikalische Weg in der Quantentheorie

Im Fünften Kapitel, Abschnitt 3, wird mein Versuch einer »Rekonstruktion« der Quantentheorie dargestellt. Er sei hier in die Geschichte des philosophischen Problems der Naturwissenschaft eingeordnet.

Ich nehme das Problem ernst, die Geltung mathematischer Naturgesetze einsehbar zu machen. Die Position ist im Prinzip die Kantsche: Sie sollen in der Erfahrung gelten, weil sie Vorbedingungen möglicher Erfahrung formulieren. Dieser Ansatz beansprucht aber nun nicht Gewißheit a priori. Er ist eine Arbeitshypothese. Es zeigt sich, daß in einer Philosophie des Kreisgangs die Vorbedingungen möglicher Erfahrung nicht a priori einsichtig zu sein brauchen. Man kann allenfalls hoffen, die semantische Konsistenz der rekonstruierten Theorie zu zeigen, d. h. ihre widerspruchsfreie inhaltliche Anwendbarkeit auf die Erfahrungen, deren Beschreibung in der Alltagssprache uns die physikalische Semantik der mathematischen Struktur der Theorie liefert. Dies gelingt aber nicht ohne radikale Abweichungen von den Vorurteilen der Alltagssprache.

Die Geschichte der »abgeschlossenen Theorien« der bisherigen Physik war eine Kette von Kompromissen aus Aufstieg und Abstieg, Empirie und Deduktion. Wählen wir noch einmal die klassische Astronomie als Beispiel! Die Babylonier beobachteten die Planetenbewegungen, um sie vorhersagen zu können. Die griechische Astronomie postulierte die Zusammensetzung dieser Bewegungen aus gleichförmig durchlaufenen Kreisen. Aber die Lage der Kreise und ihre Durchlaufungsgeschwindigkeit blieb empirisch, also unerklärtes sinnliches Datum. Kepler suchte den großen

Gestaltzusammenhang des Sonnensystems im »Mysterium Cosmographicum«, durch reguläre Körper platonisch erklärt. Newton fand die übergreifenden kausalen Gesetze und ließ die Entstehung der Gesamtgestalt unerklärt. Kant erklärte diese Entstehung kausal aus einer vorausgesetzten Anfangsbewegung im Nebel. Einstein stieg zur Einheit von Geometrie und Gravitation auf. Heute sucht man ein kosmologisches Modell als Lösung der Einsteinschen Gleichungen. Warum aber eine spezielle solche Lösung? Warum der Urknall?

Wenn ich die Quantentheorie richtig deute, kommt sie dem Ideal des Abstiegs auf dem mathematisch-physikalischen Weg nahe. Ich benütze die »Rekonstruktion« in der Sprache der »Ur-Hypothese«, d.h. der Herleitung des Raums aus der Quantentheorie binärer »Ur-Alternativen«. Das erste Postulat fordert diskrete Alternativen, reduzierbar auf Ja-Nein-Entscheidungen. Der Anfang ist also Logik. Das »Ur« ist die Einheit physikalischer Information. Information ist das Maß der Menge von Gestalt. Gestalt heißt platonisch »Idee«. Das zweite und dritte Postulat führt ein Kontinuum von Möglichkeiten ein. Fakten sind diskret, Kontinua sind Möglichkeiten. Fakten sind die Gegenwart der Vergangenheit, Möglichkeiten die Gegenwart der Zukunft. An der Spitze stehen also die zwei Prinzipien des Diskreten und Kontinuierlichen, *peras* und *apeiron*, nun als Modi der *Zeit*. Dies ist die 1. Stufe eines Platonismus in der offenen Zeit: Zeit und Wissen.

In der 2. Stufe trennen sich Mathematik und Physik. Einerseits läßt sich die Mathematik in der Zeit als Handlungsrahmen konstruktivistisch aufbauen: Wahrnehmung von Gestalt durch Schaffung von Gestalt. Andererseits entwirft die Ur-Theorie den Raum und damit das Raum-Zeit-Kontinuum als Rahmen der physikalischen Objekte.

In der 3. Stufe gewährt uns die mathematische Gruppentheorie u.a. die Darstellungen der Raum-Zeit-Symmetrie (Poincaré-Gruppe), d.h. Teilchen und Felder.

In der 4. Stufe wird hieraus die konkrete Physik und aus ihr die Chemie entwickelt. Dies ist heute noch Forschungsprogramm. Die Evolutionstheorie ist die Einbeziehung der Biologie in die Grundfigur des Werdens von Gestalten.

Die Quantentheorie definiert so Materie aus Gestalt. Sie darf voraussetzen, daß die Gestalten potentiell bewußt sind. Bewußtsein kommt in der Form der Möglichkeit (»unbewußte« Psyche) und in der Gestalt des Faktums (Reflexionsfähigkeit) vor.

Dies sind Ausblicke auf künftige Erkenntniswege.

8. Der seelisch-mystische Weg

Der mathematisch-physikalische Weg ist ein Werk der abendländischen Kultur. Seine Trennung der Materie von der seelischen Erfahrung ist eine Maßnahme der neuzeitlich-europäischen Wissenschaft. Ursprünglich kennen sich die Menschen in einer beseelten Welt. So meine Kindheitserinnerungen: »Das Wegle freut sich.« »Im Sternenhimmel ist Gott gegenwärtig.« Das alte Europa und alle überlieferten außereuropäischen Kulturen kennen die Welt als beseelt. Die Welt ist voll von Göttern und Dämonen, in der Reinkarnation wandern Seelen durch Tier- und Menschenleiber, Edelsteine haben magische Wirkung, die Sternstellungen bestimmen Charakter und Schicksal der Geborenen, Prana ist feine, also seelische Materie. Die moderne westliche Wissenschaft lehrt uns Skepsis gegenüber diesem Wunsch- und Furchtdenken. Aber auch diese Skepsis enthält ein Furchtmotiv: »O daß es diese Mächte nicht gäbe!« Läßt sich selbstkritische Wissenschaft mit gereifter seelischer Erfahrung versöhnen? Diese Frage nötigt uns noch einmal zum Aufstieg.

4. Unsere täglichen Erlebnisse werden vielfach erzählt. Kennen wir sie wirklich?

3. Psychologie wäre kein Forschungsfeld, wenn wir »im

Bewußtsein« unsere Wahrnehmungen, Affekte, Motive, Handlungen kennten. Mein Onkel Viktor v. Weizsäcker, Psychosomatiker, sagte mir: »Wenn ich dich frage, was denkst du soeben?, und du antwortest, dann lügst du bereits.« In meine Selbsterkenntnis spielt die unerklärte Moral hinein. Die beiden Juden, um 2000 Jahre voneinander getrennt, Paulus und Freud, (vgl. *Bewußtseinswandel*, S. 162–165) hatten die hohe Sensitivität dafür. Paulus: »Denn das Gute, das ich will, das tue ich nicht; sondern das Böse, das ich nicht will, das tue ich.« In Freuds Sinne ist das zu erläutern: Das »Gute« zu wollen, befiehlt mir das Über-Ich; das »Böse«, das ich de facto will, muß sich im Unbewußten verstecken, um handeln zu können. Aber auch in der schlichten Wahrnehmung ist das Meiste nur »potentiell bewußt« gegeben; es wird »Faktum« durch Reflexion.

2. C.G. Jung nennt die Grundgestalten seelischen Verhaltens »Archetypen«. Das ist ein platonischer Ausdruck. Sie erscheinen als die eigentliche Quelle der unerklärten Moral. Sie kennenzulernen, erfordert nicht Forschung, sondern meditatives Kommenlassen dessen, was sich zeigt, wenn wir ihm den Weg nicht mehr verbarrikadieren. Die Archetypen gehören, in der Sprache Jungs, dem »kollektiven Unbewußten« an. Sie sind unpersönlich und werden in mythischen Bildern als wirklich erfahren.

1. Was sind geistige und seelische überpersönliche Wirklichkeiten? Die Religionen sind das originäre Feld ihrer Erfahrung. Im Felde der Biologie sahen wir, daß Wahrnehmung eine komplexe Leistung ist. Ein Teil des wahrnehmenden Ganzen hat »unbewußt« einen Teil der Wahrnehmung, aber keine Kenntnis des Ganzen, wovon er Teil ist. Nichts steht von der Naturwissenschaft her im Wege, zu glauben, daß auch das menschliche Bewußtsein Teil eines größeren Ganzen ist, das sich dem Teil nur in Bildern, in Gleichnissen zeigt. Platon und Aristoteles sahen die Einheit der Welt einem *nous*, dem einen Geiste gegenwärtig, an dem wir, als Teile der Welt, im Vermögen des geistigen Sehens Anteil

haben. Der Unterschied des heutigen Denkens vom platonisch-aristotelischen ist die offene Zeit. Welche Geschichte haben nicht nur die Götterbilder, sondern die Götter, vielleicht Gott?

0. Plotin sagt: Willst du die Wahrheit sehen, so reinige deine Seele, bis sie erfährt, daß sie Teil der einen Seele ist, die den einen Geist in die Zeit trägt. Der eine Geist aber schaut ewig das Eine an. Das Eintreten in dieses Sehen ist eine Erfahrung, die im Menschenleben geschehen kann, im Bruchteil einer Sekunde in der Ewigkeit sein. Es wird Unio Mystica genannt. Es verwandelt alles, was du gewußt hast; du wirst nun der, der du immer warst.

Siebtes Kapitel
Wege der Religion

Gott, der du das vollkommenste mögliche Wesen bist, lehre mich einsehen, daß du bist! So umschrieb mein längst verstorbener Freund, der Logiker und Theologe Heinrich Scholz, den ontologischen Gottesbeweis des Anselm von Canterbury: ein Gottesbeweis als Relativsatz eines Gebets, einer Invokation.

In der Tat kann die etwas übermütige Redensart vom »Rundritt« nicht aufrechterhalten werden, wenn wir den Blick auf die Wahrheit der Religion richten. Aber für uns hat dieser Blick nicht mehr die Form eines zeitlosen Beweises, auch nicht einer einmaligen Offenbarung in der Vergangenheit. Er ist die Teilnahme an einem unbeendeten Gang auf manchen Wegen. Er ist der Versuch, verantwortlich zu denken, was uns in unserer eigenen, in der persönlichen Erfahrung lenkt. Der Versuch, den Weg zu verstehen, den ich gehe.

1. Blick auf die Wege

Mehrfach* habe ich versucht, ohne systematischen Anspruch vier Aspekte der Religion zu unterscheiden: Religion als Träger einer Kultur, als radikale Ethik, als innere Erfahrung, als Theologie. So auch im Vierten Kapitel dieses Buches. Es ging dort, wie schon im Dritten Kapitel, um die Geschichte der abendländischen Kultur, also der Kultur, in der die Fragen dieses Buchs entstehen konnten; somit um die Geschichte der abendländischen Religion: des Judentums und des Christentums.

* Zuerst angeregt durch das Nachdenken des Wegs von Dietrich Bonhoeffer: *Der Garten des Menschlichen,* S. 472. Jetzt im Vierten Kapitel dieses Buches.

Schon dort wies ich darauf hin, daß die begrifflichen Einteilungen des abendländischen Denkens ungeeignet sind, wenn wir die Wege der anderen Kulturen angemessen, d. h. von innen her verstehen wollen. Also ist die dort geschilderte Geschichte nicht die »Geschichte des Menschen«, sondern Geschichte des Abendlands. Einen Versuch, die anderen Kulturen in ihrem Selbstverständnis zu sehen, habe ich in meinem Leben gemacht. In der »Öffnung des Blicks« im Ersten Kapitel deute ich die Unausweichlichkeit dieses Versuchs unter dem Titel an: »Der Kinderglaube fiel von mir ab.« Der Rundgang des Vierten Kapitels endet mit den drei »Lichtmetaphern«: der jüdischen Offenbarung, der griechischen Aufklärung, der indischen der Erleuchtung. Aber er endet gerade hierin mit Fragen. Der zweite Rundweg müßte versuchen, diese Metaphern zu verstehen. Was ist Offenbarung? Was ist Aufklärung? Was ist Erleuchtung?

In seiner begrifflichen Struktur kann das jetzige Buch nicht anders als abendländisch bleiben. Mehr habe ich nicht verantwortbar zu sagen lernen können. »Begriffliche Struktur« ist selbst ein abendländischer Begriff, also abendländisch. Ich beginne mit einer Reflexion auf die oben genannten vier Aspekte der Religion. Ich habe sie mehrfach zum Durchgang durch die Fragen der Religion verwendet.* Jetzt sei zuerst die nachträgliche philosophische Frage nach der Struktur dieser Aspekte gestellt. Sie sind, wie auch mir selbst erst nachträglich klar geworden ist, in den Stufen des »Baugerüsts« interpretierbar, freilich in der dem Baugerüst eigenen reflexiven, also mehrfachen Gestalt.

Religion als Träger einer Kultur erscheint der Reflexion alsbald selbst unter einem doppelten Aspekt. Einerseits sollte mit diesem Ausdruck die umfassende, grundlegende Rolle der Religion beschrieben werden. Sie »formt das soziale Leben, gliedert die Zeiten, bestimmt oder rechtfertigt

* *Wahrnehmung der Neuzeit*, S. 417–421, *Bewußtseinswandel*, 4. Kapitel: Die unvollendete Religion, S. 181–256.

die Moral, interpretiert die Ängste, gestaltet die Freuden, tröstet die Hilflosen, deutet die Welt«. Andererseits ist »Träger einer Kultur«, wie im Vierten Kapitel gesagt, ein Ausdruck der Retrospektive. Als die Religion die Kultur trug, wurde Religion nicht funktional als Kulturträger verstanden, sondern direkt als Wahrheit, als die Allgegenwart des Göttlichen. Die drei weiteren Aspekte erscheinen dann als Versuche, gerade im Vorgang des Verlusts dieser »naiven« Einheit das Eigentliche, Verbindliche der Religion auszusprechen.

Es ist gut, dies soweit wie irgend möglich als Ausdruck persönlicher Erfahrung zu lesen. So erlaube ich mir nochmals an meine eigene Erfahrung, anschließend an die »Öffnung des Blicks« zu erinnern. Als Kind einer liberal-protestantischen Familie, einer gläubigen und stets um die Verwirklichung des Glaubens ringenden liebenden Mutter, lebte ich noch in einer von der Religion getragenen Kultur. Der Schock der Bergpredigt war die Erkenntnis, daß diese Kultur die sie tragende Religion ethisch nicht erfüllt. Das jetzige Buch würde nicht geschrieben ohne diese fortdauernde Erkenntnis. Innere Erfahrung war das nächtliche, leidenschaftliche, vor den Menschen verborgene Gebet, war auch die Gegenwart Gottes im Sternenhimmel. In die Theologie führte mich, ohne daß ich das damals so hätte verstehen können, der Verlust des Kinderglaubens ein. Ich lernte die Theologie zuerst in der Form der unwidersprechlichen Aufklärung zu praktizieren: die Aufklärung nötigte mich, nicht mehr naiv zu glauben, sondern die echte Erfahrung zu suchen.

Frage ich mich nun, was mich veranlaßt hat, Jahrzehnte später gerade diese drei radikalen Aspekte der Religion begrifflich zu unterscheiden, so finde ich mich in den drei europäischen Pointierungen des Baugerüsts wieder. Theologie ist Theorie, radikale Ethik ist Praxis, innere Erfahrung ist der Bereich, den in der europäischen Neuzeit nur die Kunst noch aussprechen darf. Da aber im Baugerüst die höheren Stufen die niederen interpretieren, darf ich die vier Aspekte der Religion auch in der Folge der Stufen deuten.

Die von der Religion getragene Kultur ist die soziale Form der Einheit von Wahrnehmen und Bewegen, sie ist die Fülle der sozial wirksamen Wahrnehmungen, Urteile, Affekte und Handlungen. Die Erschütterungen der Kultur, ihre historisch wiederkehrenden Krisen sind es, die uns erst auf ihre tragenden Verhaltensweisen reflektieren lassen.

Das reflektierte Handeln habe ich im Baugerüst zunächst nur unter dem Titel der Zweckrationalität beschrieben. Aber die Zwecke beruhen auf »Werten«, sind »Normen« unterworfen. Es ist sinnvoll, das Handeln als Ganzes unter den Forderungen der Ethik zu sehen. Gerade die Krise nötigt die Religion, die ihrem Verhalten zugrunde liegenden Normen im Urteil reflektiert auszusprechen: als Weisheitsregeln, als Gebote Gottes, als Forderungen nach Vollkommenheit. Ihr sollt vollkommen sein, wie euer Vater im Himmel vollkommen ist.

Auf der zweitobersten Stufe des Baugerüsts finden wir dies in erneuter Reflexion. Die Krise hat die Unerklärtheit der Handlungsnormen erschüttert, hat diese Unerklärtheit als Schwäche entlarvt. Die explizit formulierten Gebote werden freilich als Gebote Gottes formal von neuem mit unerklärter Gültigkeit ausgestattet. Aber die Propheten sprechen die innere Erfahrung an, der sich der Gläubige nicht entziehen kann, gegen die sich der Ungläubige nur abschirmt. Der Bergpredigt gehen die Seligpreisungen voraus. Nicht die unerklärte Norm, nicht die bloß überlieferte Doktrin, nicht die begründende Theorie der Nützlichkeit ist die Grundlage des religiösen Lebens, sondern die innere, die zunächst affektive Erfahrung. Gebet, Liturgie, Meditation als Überwindung der bloßen Affekte *durch* innere Erfahrung.

Ist dies nun die wiederhergestellte Einheit? Können die Gläubigen *sagen*, was die Einheit des religiösen Lebens ausmacht? Können sie die göttliche Wirklichkeit aussprechen? Dieser nachträgliche Versuch, die Einheit zu sagen, hat historisch verschiedene Gestalten gehabt. Zuerst wird eine Geschichte erzählt: der Mythos. Später werden Schriften interpretiert: Schriftgelehrsamkeit, so Thora und Talmud. Die Rationalität analysiert sich selbst: Philosophie, in ihr als vernünftiges Reden von Gott: Theologie. Die fortschreitende rationale Selbstkritik: Aufklärung.

Das vorliegende Buch ist eine philosophische Abhandlung. So zielt es unter den vier Aspekten der Religion auf die ausdrückliche Erörterung des zuletzt genannten: der Theologie. Die drei anderen, grundlegenden, müssen uns aber dafür gegenwärtig sein.

2. Religionen und Kulturen

Es kommt hier darauf an, wenigstens einmal die Vielheit der Kulturen und ihrer Religionen als Formen der Wahrheit in den Blick zu fassen. Im Buch *Bewußtseinswandel* (dort im 4. Kapitel) habe ich das versucht. Jetzt sei daran, jenem Kapitel folgend, nur erinnert.

In der frühen Kultur ist der Mensch weit entfernt davon, sich als Herr der Natur zu fühlen. Sie ist ihm die harte, oft grausame Mutter. Mit Selbstverständlichkeit erfährt er sie als beseelt. Dämonen, Götter ringsum. Das Machtsystem der neuzeitlichen Naturwissenschaft mußte kommen, um diese elementaren Wahrnehmungen zu leugnen, ihre Organe unausgebildet zu lassen. Damit ist freilich die Rückkehr in die naive Selbstinterpretation der Wahrnehmungen ausgeschlossen. Wir haben zu fragen, wie wir heute das *sagen* können, was die *Naturreligionen wußten*.

Die frühen *Stadt- und Reichsreligionen* hatten ein ähnliches Verhältnis zu ihrer jeweiligen Gesellschaft wie die Naturreligionen zur Natur. In einem Stadtgott verkörpert sich bildlich die kollektive Wahrnehmung und Handlung der Gesellschaft, die frühe Form von Hegels »objektivem Geist«. Wir Heutigen sind ebensosehr Träger der Wahrnehmung und Handlung unserer Gesellschaft, aber wir erkennen ihr nicht mehr, wie einst dem Gottesbild des Amun, des

Marduk, der Athene, des Jupiter ein Ich zu. Wer weiß hier mehr: jene Wahrnehmung oder unsere Skepsis?

Bewahrt ist die frühe Hochkultur bis in unser Jahrhundert in der *Hindu-Welt*. Eine hochstabile Sozialordnung, eine den kultischen Formen entsprechende Ethik. Millionen göttlicher Mächte werden wahrgenommen. Zugleich wartet auf die Wenigen, die den Weg zu Ende gehen, die Wahrnehmung des Einen. Noch immer wird die Menschheit als Glied des Kosmos gesehen. Die Erlösung aber gibt es für die einzelne Seele, auf ihrem Weg durch viele Existenzen. Was ist hier wahrgenommen?

Der *Buddha* löst diesen Befreiungsweg der Seele als das einzig Entscheidende aus der Fülle der leidenden Wirklichkeit. Sein ist Illusion, im Sein beharren wollen ist Durst und folglich Leiden. Auch die Götter bedürfen der Erlösung. Das Erwachen aus der Illusion ist der unendliche Glanz. Freigeworden von der kulturellen Bindung der Hindu-Tradition an die indische Sozialordnung hat der Buddhismus den größeren Teil des östlichen Asien durchdrungen, hat die Völker zur Wachheit ihrer selbst belehrt.

China, wohl die am meisten pragmatische und realistische der großen Kulturen, wurde von *Konfuzius*, seiner Tradition gemäß, im Gefüge von Himmel und Erde, Herrscher und Diener, Vater und Sohn, Mann und Frau, in einer verständlichen Welt verständlich geordnet. *Tao*, Buddhismus, Dichtung und Malerei ließen die Hintergründe dieser Ordnung erfahren. Der europäischen Aufklärung des 18. Jahrhunderts imponierte die rationale Ethik des Beamtenstaats. Japan rezipierte das chinesische Erbe in einer Kultur des Willens, in der hohen Kunst der Selbstgestaltung.

Von Kultur und Religion des Westens habe ich im Dritten Kapitel gesprochen. Die großen Vorläufer, Ägypten und Mesopotamien, können wohl mit Indien und China verglichen werden. Die prägenden Unterschiede wage ich, als Nichtfachmann, nicht zu beschreiben. Mit *Zarathustra* und *den Juden* tritt die Vorstellung einer höchsten, als Person gedachten Gottheit auf, der – zoroastrisch ursprünglich, jüdisch sekundär – ein persönlicher Gegengott gegenübergestellt wird. Mit dem einen Schöpfergott beginnt die Entgötterung der Welt, der Weg zum Rationalismus der Wissenschaft. Die menschliche Geschichte aber wird als ein Weg mit einem Ziel verstanden, das nicht bloß der einzelnen Seele, sondern der sichtbaren Gemeinschaft gesteckt ist. Bei den Juden ist diese Gemeinschaft zunächst das eine, eben das jüdische Volk; bei den späteren Propheten aber wird offenkundig, daß der Gott der Wahrheit sich an alle Völker wendet. Dies wurde den *Christen* seit Paulus zum schon diesseitigen Auftrag. Der *Islam* übernimmt die vorgeprägten Formen mit jener rationalen Konsequenz, deren ein kluger einzelner Prophet, im Unterschied zum Gewebe jahrhundertelanger Geschichte, fähig war.

Die *griechische Philosophie* wurde zur Religion der Gebildeten der späteren Antike. Sie bot die einzige Sprache, in der sich die frühen Christen im Römischen Reich verständlich machen konnten; verständlich für die Anderen und, soweit sie nicht jüdisch vorgeprägt waren, verständlich für sich selbst. So ist *christliche Theologie* ein griechisch-jüdischer unbeendeter Dialog, und *christliche Kirche* ein unbeendeter Kompromiß zwischen Römischem Reich und Recht und jüdischem Messianismus.

Die europäische *Aufklärung* ist der Erbe dieser Spannungen, nun nicht mehr nur der antiken, sondern heute durch den weltweiten Kontakt auch zwischen den westlichen und östlichen Traditionen. Ihr Selbstverständnis hängt entscheidend daran, daß sie die Spannungen versteht und das Ihre in ihnen zu leisten sucht. Wenn sie dies vergißt, so wird sie sich und ihre Welt zerstören.

3. Ethik

Die moralischen Vorschriften in einer traditionellen Kultur sind oft stark kultisch geprägt und damit den besonderen sozialen Bedingungen der jeweiligen Kultur angepaßt. Die höchsten Formen ethischer Forderungen und mystischer Erfahrungen sind aber in den verschiedenen Religionen sehr nahe verwandt. Hier ist zuerst von der Ethik die Rede. Zwischen den Forderungen der Bergpredigt, indischer Mönchsgelübde, des achtfachen buddhistischen Pfads, den Einsichten des Tao Te King gibt es zwar tiefe Formulierungsunterschiede, aber kaum einen Konflikt. Der Grund dieser Vereinbarkeit muß eine den Schöpfern all dieser Forderungen gemeinsame Einsicht sein.

Auf dem Weg zur Frage nach dieser Einsicht tritt uns eine andere Frage entgegen: Warum kann isolierte Moral so abgrundtief böse sein? Die Antwort dürfte in der Richtung der Selbstgerechtigkeit liegen. Wer weiß, daß er ohnehin das Gute tut, ist geschützt gegen die Forderung, die Wirklichkeit wahrzunehmen. Wahrnehmung des Mitmenschen aber ist, was die Agape, die Nächstenliebe eigentlich fordert; Wahrnehmung nicht so wie ich ihn möchte, sondern, soweit Menschen das vermögen, so wie er ist. Und es möge hier genügen zu sagen, daß es eben diese Wahrnehmung des Mitmenschen ist, in der sich die hohen Formen der religiösen Ethik finden, und für welche auch im Gewissen der Aufklärung ein Raum vorbereitet ist.

Die liebende Wahrnehmung des Mitmenschen ist wesentlich sowohl für den Wahrgenommenen wie für den Wahrnehmenden. Wahrgenommen zu sein fügt in eine lebensfähige Gesellschaft ein. So ist die Wahrnehmung des Nächsten in den Religionen der hebräischen Tradition die Vorbedingung dafür, daß nicht nur dem Einzelnen ein Ziel gesteckt ist, sondern der sichtbaren Gesellschaft, dem Volk, der Kirche, in Wahrheit aber der Menschheit. Dies ist in einer Menschheit wie der heutigen, welche die technischen Mittel zur Selbstzerstörung hat, Vorbedingung einer lebensfähigen Zukunft. Es genügt nicht mehr, die Forderungen Jesu in der Bergpredigt einer Auslese von verpflichteten Frommen anzubieten. Ihre willige Anerkennung, unbeschadet der Grenzen unserer Fähigkeit, sie tatsächlich zu erfüllen, wird Lebensbedingung der Menschheit.

Können aber Menschen heute das lernen, was sie in Jahrtausenden nicht gelernt haben?

So fragen die Verzagten. In Wahrheit sind zweitausend Jahre, verglichen mit den Zeitdauern der Evolution, eine kurze Zeit. Die lamarckistische Vererbung erworbener Eigenschaften, in der Genetik kaum zu erwarten, gelingt der kulturellen Tradition, wenn auch unter ständigen Krisen. Über die Erfindung des Ackerbaus, der Metallbearbeitung, der Schrift, der Stadt, der Künste, der Reiche, der Hochreligion, der Philosophie, der Wissenschaft, der bürgerlichen Gesellschaft ist jedes Jahrtausend von neuen Schritten erfüllt, mit ihrer Erprobung beschäftigt.

4. Innere Erfahrung

Den Mitmenschen liebend wahrzunehmen, das ist für den Wahrnehmenden selbst die Schule seiner eigenen Bewußtheit. Nun lernt er erst sich selbst wahrzunehmen. Hierum auch geht es in der inneren Erfahrung der Religion. Sie stellt sich dar als Glaube, Kultus, Gebet, auch Verzückung. Hier sei ihre wahrnehmende Gestalt genannt: die Meditation. Ich beschreibe sie nicht; ich erzähle, wie ein Meditativer sich geäußert hat.

Als der Kundalini-Meister Gopi Krishna, ein glaubwürdiger Autodidakt, 65jährig zum erstenmal in seinem Leben Europa besuchte, fragte ihn in meiner Gegenwart ein junger deutscher Wissenschaftler: »Wozu ist Meditation denn gut? In ihr beschäftige ich mich doch nur mit mir selbst. Ich habe aber erfahren, daß ich am glücklichsten, am wahrhaftigsten bin, wenn ich mich nicht mit mir, sondern mit meinen Mitmenschen beschäftige.« Gopi Krishna antwortete freundlich: »Je länger ich jetzt Europa von innen sehe, desto mehr scheint mir, ich müsse den Europäern von der Meditation abraten. Sie scheinen die Meditation für eine Art Technik zu halten. Lesen Sie in Ihren heiligen Schriften! Sie werden in ihnen nichts anderes finden als wir in den unseren: Liebe Gott und liebe deinen Nächsten wie dich selbst! Nirgends steht: ›Du sollst meditieren.‹ Freilich, wenn du entdeckst, daß du Gott und den Nächsten besser liebst, wenn du meditierst, dann und nur dann sollst du meditieren.«

Ein namhafter Psychologe begrüßte den Gopi Krishna ironisch lächelnd: »Sie kommen gewiß gerade von der Meditation!« Freundlich lächelnd antwortete Gopi Krishna: »Nein. In meinem heutigen Zustand meditiert man nicht mehr. Die Wirklichkeit ist gegenwärtig.«

Was aber nimmt die innere Erfahrung wahr? In dem Buch *munen muso**, d. h. ungegenständliche Meditation, das dem Jesuiten und Zen-Meister Pater Hugo Enomiya Lassalle zum 80. Geburtstag gewidmet war, berichteten sowohl Buddhisten wie Katholiken von den hohen Stufen meditativer Erfahrung. Ihre Deutungen schienen, rational gesehen, entgegengesetzt. Die Christen sagten: Du begegnest dem ganz Anderen, eben Gott. Die Buddhisten sagten: Du begegnest deinem wahren Selbst. Die Schilderungen der Erfahrung aber, soweit sie aussprechbar ist, waren fast ununterscheidbar. Die rationale Theologie ist historisch, kulturbestimmt. Die Erfahrung kann darüber hinausweisen.

* G. Stachel (Hrsg.), *munen muso. Ungegenständliche Meditation*, Mainz 1978.

5. Unvollendete christliche Theologie

Das Wort »Theologie« stammt aus der griechischen Philosophie. In der Metaphysik bezeichnet es die rationale Rede vom höchsten Seienden, dem *summum ens*, das die Volksreligion den Gott nennt. Aristotelisch gesagt, von dem Geist, der in Ewigkeit seiend und wissend, unbewegter Beweger aller bewegten Dinge, ohne unerfüllte Möglichkeit wirklich, das Geschehen der bewegten Dinge weiß, aber nicht aktiv beeinflußt. Ein solches Bild mußten die Christen versöhnen mit der jüdischen Überlieferung von dem Gott, der die Welt einmal geschaffen hat, der uns seine Gebote gegeben hat, den wir anrufen können, wie Jesus sagt, als Vater.

Indem wir die christliche Theologie zu verstehen suchen, sind wir zunächst wieder im Abendland, in seinem Versuch, sich selbst zu verstehen, so als sei es der einzige Ort des Bemühens um die letzte Wahrheit. In dem einen langen Gespräch, das ich mit Karl Barth gehabt habe, fragte ich ihn auch nach der Aufgabe der Theologie, wie er sie verstand und lehrte. Ich hatte mich auf das Gespräch mit Sorgfalt vorbereitet. Wochenlang lagen die Bände seiner *Kirchlichen Dogmatik* hochgestapelt auf meinem Schreibtisch. Ich wagte nun, ihn zu fragen: »Das Evangelium ist doch ein kurzer Text. Warum, Herr Barth, ist Ihre Dogmatik so lang?« Er antwortete: »Ja, wenn wir so einfach wären wie das Evangelium, dann könnten wir auch so einfach reden. Meine Dogmatik ist nur der Versuch, die vielen Irrtümer über das Evangelium aufzuarbeiten, die in 2000 Jahren aufgetreten sind.«

Die Theologie unserer Tage ist wesentlich geprägt durch das Geschenk des 19. Jahrhunderts, durch das Bemühen, die Geschichte konkret geschichtlich anzuschauen, durch Rankes Frage, »wie es denn eigentlich gewesen sei«. So schon gegenüber der hebräischen Bibel. Für die Christen war sie fast zweitausend Jahre lang ihr »Altes Testament«, die ältere Offenbarung, vordeutend auf Jesus Christus. Die historische

Forschung der Theologen des 19. Jahrhunderts, etwa Wellhausen, las diese Texte nicht mehr »durch die christologische Brille«, sondern als Dokumente von über tausend Jahren lebendiger Geschichte eines bedeutenden Volkes. War dies die Ernüchterung der Aufklärung, so fand die christliche Theologie unseres Jahrhunderts in diesen Dokumenten Wahrheiten, die in unverbrauchter Lebendigkeit zu uns sprechen, fand damit auch erstmals Zugang zu dem, was diese Bibel bis heute für die Juden selbst bedeutet. Ich gestehe, daß ich, in meinem Leben, den positiven Zugang zur christlichen Theologie zuerst durch die Alttestamentler wie Gerhard von Rad und Walther Zimmerli wirklich gefunden habe. Der Anfang des Dritten Kapitels dieses Buchs ist, sollte er eine sinnvolle Aussage enthalten, ein Dank an diese Lehrer.

So lernen wir nun auch das Neue Testament und die Kirchengeschichte zu lesen, damit endlich auch die Geschichte jenes Bemühens der Kirche um Selbstverständnis, das dogmatische Theologie heißt. Auch »Dogma« ist ein Wort der griechischen Tradition (vgl. Drittes Kapitel, 25). Von *»dokei moi«*, »mir scheint«, »ich meine« abgeleitet, bezeichnet es die sprachliche Formulierung dessen, was man glaubt oder, später, was man glauben soll. In einer für den heutigen Leser beunruhigenden Weise begegnen einander in der Tradition der dogmatischen Theologie die nicht rastende Wahrheitssuche, das Verlangen echter Frömmigkeit nach einem aussprechbaren Halt, kühne hellenistische, gnostische, philosophische Spekulation, bittere Kompromisse in kirchenpolitischen Konflikten, Herrschaftsanspruch kirchlicher Autorität. Eine mit Ehrfurcht zu betrachtende unvollendete Leidensgeschichte.

Die christliche Dogmatik, früh knapp zusammengefaßt in den Glaubensbekenntnissen, folgt dem Einteilungsschema der Trinitätslehre, der Lehre von den drei »Personen« Gottes: Vater, Sohn, Heiliger Geist. Das lateinische Wort *»persona«* bedeutet zuerst, nämlich im Theater, »Maske«. Ich folge hier knapp und in etwas veränderter Reihenfolge einer älteren Aufzeichnung.*

Die erste Person, die Lehre von dem einen Gott als Schöpfer der Welt, Geber des sittlichen Gebotes, Lenker der Geschichte, ist jüdischer Herkunft und den Religionen gemeinsam, die sich vom Judentum herleiten, also den Juden selbst, dem Christentum, dem Islam, bis hin zu den Baha'i. Mit etwas oberflächlichem Rationalismus nennt man sie dann die »monotheistischen Religionen«. Damit wird über die tiefen Spannungen in diesem Gottesbild hinweggesehen: die unerklärte Herkunft des Bösen, die Überpersönlichkeit des griechischen *summum ens*, das Verhältnis der Ewigkeit zur Geschichte. Es ist der Theologie natürlich, weiterzufragen nach einer Vermittlung zwischen dem unfaßbaren Einen und der Welt, in der wir uns selber kennen.

Es gab eine Fülle spätantiker Spekulation zu diesen Fragen der Vermittlung: den stoischen Logos, die vielfältigsten gnostischen Systeme, und als das philosophisch reifste wohl das neuplatonische Denken. Plotin unterscheidet drei Stufen: das Eine, den ewigen Nus, die in die Zeit ausgehende Psyche.

Es ist leicht, aus der Welt dieser Spekulationen das formale Schema der christlichen Trinitätslehre herzuleiten. Formal ist diese in der Bibel nicht belegte Lehre ein Stück spätgriechischer Philosophie.

Die einmalige, erschütternde Erfahrung aber, die aus keiner Spekulation herzuleiten war, war Leben und Lehre Jesu. Die Worte in ihrem unverwechselbaren Klang sind uns überliefert. Er heilte Kranke. Er wurde hingerichtet, seine Jünger sahen ihn – so wird uns berichtet – als Auferstandenen. Wie war die Gegenwart Gottes in ihm zu verstehen? Ein früher Ansatz ist der Prolog des Johannes-Evangeliums. »Im Anfang war das Wort. Das Wort war bei Gott, und Gott war das Wort.« »Wort« ist hier der griechische *logos*,

* »Kirchenlehre und Weltverständnis«, in: *Deutlichkeit* (1978). Dazu jetzt »Theologie heute«, in: *Bedingungen der Freiheit* (1990).

was zuerst vernünftige Rede heißt, dann aber, stoisch und auch gnostisch, Vernunft als eine göttliche Potenz. Das ist soweit noch eine damals gängige Spekulation. Dann aber das ganz Andere: »Und das Wort wurde Fleisch und wohnte unter uns.« Fleisch *(sarx)* bedeutet in dieser Sprache den physischen, affektbeladenen Menschen im Gegensatz zum göttlichen Geist. Der Mensch Jesus wird als der Christus, d. h. der Gesalbte, als fleischgewordener Logos, als menschgewordener Gott verstanden.

Die dritte Person: Im Johannes-Evangelium verspricht Jesus den Jüngern, wenn er zum Vater zurückgekehrt ist, werde er ihnen den Parakleten, den Tröster senden, den Heiligen Geist. Pfingsten ist dann der Tag der Ausgießung des Geistes. Der Geist ist die Gegenwart Gottes in uns. Er umfaßt alles, was vorhin als innere Erfahrung beschrieben wurde. Er ist nicht Spekulation, er ist Erfahrung.

So das Schema der Trinität. Was hat es mit der realen Geschichte zu tun? War Jesus der den Juden verheißene Messias? Warum dann das Leiden und seine Rückkehr zum Vater aus einer anscheinend unveränderten Welt? Seine Wiederkunft wurde erwartet. Real hat in anderthalb Jahrtausenden niemand die Geschichte so verändert wie die Christen, die nur auf das Ende der Geschichte warteten. Von all diesem haben wir schon geredet.

Wie aber mußte sich die christliche Theologie als Folge dieser Wartezeit verändern? Die zeitweilig triumphierende Kirche konnte sich als Statthalter verstehen, während die Hoffnung der Erlösung für die einzelne Seele ins Jenseits, für die Menschheit ins erwartete Jüngste Gericht hinausgeschoben wurde.

Die Aufklärung trat das Erbe des Christentums an. Ihre Denkmittel waren philosophisch im Sinne der Antike und wissenschaftlich im Sinne der Neuzeit. Aber mir liegt daran, hervorzuheben, inwiefern sie zugleich mit christlichen Motiven ernstmachte, die in der Herrschaft der Kirche eher verdämmert, den Asketen zugeschoben oder eben ins Jenseits der Geschichte abgeschoben waren.* Im politischen Feld ist dies evident. Freiheit, Gleichheit, Brüderlichkeit sind christliche Motive. Hier soll uns nun die gedankliche Arbeit der Aufklärung angehen, insbesondere die Aufklärung in der Theologie.

Damit kehren wir zunächst zum Anfang dieses Abschnitts zurück, dem Geschenk des historischen Denkens in der Neubelebung des Alten Testaments als Zeugnis geschichtlicher Wirklichkeit. Nun mußte die geschichtliche Betrachtung von sich verlangen, auch das Neue Testament, auch Jesus selbst nicht mehr nur durch die christologische Brille zu sehen. Es entstand die Frage nach dem »historischen Jesus«. Das ist für Christen eine schwere Aufgabe. Was gewinnen, was verlieren sie dadurch? Im allgemeinen können Historiker eine große Gestalt der Geschichte kaum besser sehen denn als Verkörperung ihrer jeweils eigenen höchsten Vorstellungen. So ist der »historische Jesus« oft nur noch eine blasse, entweder zu ferne oder zu moderne Figur. Am bedeutendsten wird er fast dort, wo er uns in seiner unerreichbaren Fremdheit begegnet; so fand der moderne Albert Schweitzer in ihm den Träger der damaligen Naherwartung des kommenden Reiches Gottes. Ich kann mich, so wiederhole ich, dem Eindruck nicht entziehen, daß die klassische Christologie uns noch zwei Drittel des wirklichen Jesus verbirgt, der für unsere Zukunft wichtiger wäre als die überlieferten Deutungen.

6. Theologie und Naturwissenschaft

Die Naturwissenschaft wurde zur intellektuellen Großmacht der abendländischen Neuzeit. Mußte sie nicht mit der Ideologie der kirchlichen Macht, mit der Theologie, in einen

* Gogarten nennt dies Säkularisierung als Erfüllung des Willens Gottes. Vgl. dazu *Wahrnehmung der Neuzeit*, Aufsatz »Begriffe«, Abschnitt »Säkularisierung«, S. 371–376.

Machtkampf geraten? Aber war diese Machtbezogenheit nicht auf jeder der beiden Seiten ein Mißverständnis der eigenen Aufgabe, der eigenen Wahrheit? Ging es nicht beiden um die *eine* Wirklichkeit? Waren sie nicht nur zwei verschiedene Wege, diese Wirklichkeit anzuschauen?

Gelegentlich zitiere ich Sigmund Freud*, der von den drei großen Kränkungen sprach, welche die Wissenschaft dem menschlichen Ich angetan hat, drei Demütigungen. Kopernikus lehrte uns, daß wir nicht in der Mitte der Welt wohnen; Darwin, daß wir nur die Vettern der Tiere sind; die Psychoanalyse, daß das bewußte Ich nicht Herr im eigenen Hause ist. Alle drei Kränkungen waren auch, als sie entstanden, Anlaß zu Konflikten zwischen Kirche und Wissenschaft. Aber verstand die christliche Kirche sich selbst, wenn sie sich hier gekränkt fühlte? War es nicht der Stolz eines stoischen Bewußtseins gegenüber den Affekten, der sich nun auf die biblische Schöpfungsgeschichte berief, um den Menschen, und nur den Menschen, nach Gottes Bilde geformt zu denken? Ist Demut nicht eine christliche Tugend? Hat Jesus nicht gesagt, daß die Lilien auf dem Felde schöner geschmückt sind als Salomo in all seiner Pracht? Wir sollten die drei Themen noch einmal einzeln durchgehen: Astronomie, Evolutionstheorie, die Lehre vom Unbewußten, dabei sollten wir die Reflexion auf die Quantentheorie beherzigen.

Astronomie. Der Streit um Kopernikus war symbolisch wichtiger als wissenschaftlich. Bei den Griechen hatte Aristarch schon das heliozentrische System begründet. Die spätere griechische Astronomie verwarf es nicht aus Naivität oder aus religiösen Gründen, sondern mit gesunden physikalischen Argumenten**, deren faktische Fehlerhaftigkeit erst nach der Entdeckung des Trägheitsgesetzes durch Galilei einsehbar wurde; man fragte z. B., wie eine rotierende Erde ihre Atmosphäre ständig mitnehmen könne. Die Kir-

* *Eine Schwierigkeit der Analyse* (1917).

** Vgl. B. L. van der Waerden, *Erwachende Wissenschaft.*

che hingegen berief sich, wenn sie die kopernikanische Theorie ablehnte, auf die Autorität der Bibel. Zwar kennt die Bibel die Kugelgestalt der Erde nicht, die den Griechen schon zu Zeiten der frühen Pythagoreer klar war (fast zeitgenössisch mit der Endredaktion des biblischen Schöpfungsberichts). Aber das ptolemäische System mit der Erde als Mittelpunkt der Welt vertrug sich mit dem Bibeltext besser als das kopernikanische; Gott schuf eben »Himmel und Erde«. Die symbolische Bedeutung des Siegs der kopernikanischen Lehre war, daß damit die göttliche Autorität des »wörtlich« gelesenen Bibeltextes ein für allemal zerstört war. Dies war der Einbruch in eine viel zu naive Theologie, welche die Bibel als wörtliches Diktat eines allwissenden Gottes aufgefaßt hatte.

Viel tiefsinniger war der Streit um Mechanik und Schöpfungsbegriff, den ich im Zweiten Kapitel geschildert habe. Muß man, um an den Schöpfergott zu glauben, annehmen, das Sonnensystem habe nicht mechanisch entstehen können? Oder darf man in den Naturgesetzen Schöpfungsgedanken Gottes sehen? Doch dürfte, wie dort gesagt, auch diese Debatte noch nicht auf dem adäquaten theologischen und philosophischen Niveau gewesen sein. Gott ist hier noch sehr anthropomorph gesehen, wie ein großer Ingenieur oder allenfalls ein großer Musiker. Noch in heutigen Jahrzehnten tauchen ähnliche Naivitäten auf, so wenn der Anfang der kosmischen Zeit im »Urknall« als ein Argument für göttliche Schöpfung angesehen wird, gleich als ob Gott nicht auch jenseits der Zeit hätte eine unendlich dauernde Zeit erschaffen können.*

Die heutige Astronomie hat den Menschen radikal aus der fiktiven Mitte der Welt entfernt. Manche moderne Autoren faßt angesichts dieser Weite der Welt ein Empfinden ver-

* Martin Luther soll, einen augustinischen Gedanken freundlich variierend, auf die Frage, was Gott denn in der unermeßlichen Zeit vor der Schöpfung getan habe, geantwortet haben: »Er saß in einem Birkenwäldchen und schnitt Ruten für Leute, die unnütze Fragen stellen.«

zweifelter Einsamkeit des Menschen an. Sind wir eine Flaumfeder in der Unendlichkeit? Für den Holismus der Quantentheorie ist freilich die Welt ein Ganzes, das sich nur in der Näherung irreversibel getrennter Alternativen und Objekte räumlich darstellt. Ist unsere Einsamkeit in der Welt erst durch unsere moderne Sichtweise produziert? Aber was lehrt uns die heutige Naturwissenschaft darüber, wie der Mensch in der Welt aufgetreten ist?

Evolution. Der Streit um Darwin wurde meinungspolitisch etwas weniger hart als der um Kopernikus, denn im Grunde war der Sieg der Naturwissenschaft über naive Wortgläubigkeit längst entschieden. Bald fanden sich Theologen, die verstanden, daß die Erschaffung des Menschen nach Gottes Bilde auch den Weg über die Evolution habe gehen können.

Doch stellten sich hier konkretere und darum tiefere Fragen für das Selbstverständnis der Menschen als in der Astronomie. Die »Kränkung« des menschlichen Stolzes durch seine tierische Abstammung ist nur eine Vorstufe der wirklichen Fragen, nur die Überwindung einer Naivität. Die theologische Vorstellung vom Menschen als »Krone der Schöpfung« drückt ja eine reale Wahrnehmung aus. Das menschliche Bewußtsein ist in der Evolution aus dem Meer des Unbewußten aufgetaucht. Nun aber findet es sich einsam vor, nicht nur hypothetisch im Kosmos, sondern real unter den Lebewesen. Pflanzen und Tiere können zwar teilhaben an unserem Leben. Aber Sokrates (so in Platons *Phaidros* erzählt) hatte die Mauern Athens nie um der Landschaft willen verlassen, »denn die Bäume antworten nicht, wenn ich mit ihnen rede«. Konrad Lorenz konnte »alles über seine Gans Martina wissen« (Fünftes Kapitel, 6Cb), gerade weil sie nicht wie seine Frau mit ihm über seine Fragen sprechen konnte. Die Naturreligion freilich bevölkert die Natur mit göttlichen Wesen; Sokrates ist der typische Städter. Aber kann unsere Wissenschaft, Erbe der Stadtkultur, diesen göttlichen Wesen Wirklichkeit zuerkennen?

Es gibt eine evolutionistische, also naturwissenschaftliche Möglichkeit, diese Einsamkeit des sprachlich denkenden Menschen (*zoon logon echon:* das redende Tier) in der heutigen Natur zu verstehen.* Bewußtsein ist eine komplexe Leistung. Jahrmilliarden der Evolution waren nötig, um das sprachfähige Bewußtsein (materiell gesagt: das menschliche Gehirn) entstehen zu lassen. Darum wird dieses Bewußtsein, wenn es zum erstenmal in der Evolution auftritt, in seiner Umgebung einsam sein. Wartet noch eine Weile, vielleicht noch eine Jahrmilliarde, und es wird nicht mehr einsam sein! »Zeit und Wissen«: Wissen ist spät in der Zeit.

Aber müssen wir noch so lange warten? Sind neue genetische Schritte nötig, oder vielleicht nur ein Bewußtseinswandel in unserer Kultur? Nur eine neue Wahrnehmung?

Das uns Unbewußte. Sigmund Freud, der große Mythenbildner, der sich als Naturwissenschaftler des Unbewußten verstand, faßte auch die religiösen Bilder und Erfahrungen als Produktionen des Unbewußten auf. C. G. Jung sah in ihnen Archetypen des kollektiven Unbewußten. Was ist die Wirklichkeit, die sich so in der Psychologie eines abendländischen Jahrhunderts spiegelt? Und woher dieser Spiegel?

Ich habe diesen Abschnitt überschrieben: »Das *uns* Unbewußte«. Wer sind *wir,* denen dies unbewußt ist?

Ich habe in der Reflexion auf die Quantentheorie (Fünftes Kapitel, 3B) vorbereitet und am Ende der Reflexion auf die Biologie (Fünftes Kapitel, 4B) gefragt, wie unser Bewußtsein in der Natur steht. Wahrnehmung wurde dort, als eine Verhaltensweise, funktional definiert; so definiert bedarf sie keines Bewußtseins. Bewußtsein kann auf irgendeiner Iterationsstufe als »Wahrnehmung von Wahrnehmung« auftreten. Schellings Formel legt sich nahe: »Die Natur ist der Geist, der sich nicht als Geist kennt.« Holistisch gesehen bin ich selbst ein Teil eines größeren Ganzen, dessen mögliches Bewußtsein auch in meinem Verhalten wirken kann, ohne daß ich es bewußt kenne.

* »Ausdehnung und Denken«, in: *Zeit und Wissen*, I.9.

Wir kommen mit solchen Überlegungen auf die Frage an die Psychologie des Unbewußten, was eigentlich ihre Termini »unbewußt« und »das Unbewußte« bedeuten. Im Leib-Seele-Dualismus der traditionellen Naturwissenschaft gehört das Unbewußte auf die Seite der Seele. Der Materie schreibt man in dieser Stilisierung ohnehin kein Bewußtsein zu. »Unbewußt« aber nennt man in der Psychologie vieles, was bewußt sein *könnte.* Für Freud ist das »Unterbewußte« im Stadium der Verdrängung das, was ich wissen könnte, aber nicht wissen *will.* In diesem Kontext verhält sich das Bewußte zum Unbewußten wie das Faktum zur Möglichkeit; also, wie wir in der Quantentheorie lernen, wie das Abgrenzbare, Zählbare, zum Kontinuum. Demgemäß ist für Jung das »kollektive Unbewußte« nicht etwa der Teil meines individuellen Unbewußten, der inhaltlich mit dem entsprechenden Teil bei anderen Individuen übereinstimmt. Es ist vielmehr eine einzige, die Individuen übergreifende Wirklichkeit. Er sagt: »Ich ziehe den Terminus ›das Unbewußte‹ vor, wohl wissend, daß ich ebensogut von ›Gott‹ und ›Dämon‹ reden könnte, wenn ich mich mythisch ausdrücken wollte.«* Wenn man den Leib-Seele-Dualismus aufgibt und den Holismus ernstnimmt, darf man der gesamten Wirklichkeit eine Möglichkeitsform des Bewußtseins zusprechen.

7. Gottesbilder

Wir selbst sind, holistisch verstanden, Teile des Ganzen. Weiß ich, als Teil, welche Funktion meine Wahrnehmung in den Wahrnehmungen des Ganzen hat? Weiß ich, wie Gott wahrnimmt?

Eben dies aber, wie Gott uns wahrnimmt, haben wir Menschen immer wieder zu wissen verlangt, und aus gutem

* *Erinnerungen, Träume, Gedanken,* hrsg. v. Aniela Jaffé, S. 339, Olten 1971.

Grund. Es ist nicht nur die Angst vor der größeren Macht, die uns treibt. Es ist auch das legitime Begehren, das Gute zu tun. Das Begehren, wahrzunehmen, zu wissen, was jetzt, und was immer das Gute ist. Und es ist der Wunsch, zu lieben und geliebt zu sein. Darum haben wir uns Bilder von Göttern und von Einem Gott gemacht, die wir verstehen können. Wie kann unsere Theologie aussehen, wenn wir all diese Bilder tief ernstnehmen und zugleich redliche Historiker und redliche Naturwissenschaftler bleiben wollen? Und wo haben wir den Stolz auf unsere Redlichkeit einer größeren Erfahrung zu opfern? Der Weg der Religion ist nicht zu Ende gegangen.

Seelen und Götter. Für die Naturreligionen und noch für den hochkulturellen Hinduismus ist die ganze Wirklichkeit beseelt, ist die Welt voll von Göttern. Können wir sagen, was diese Religionen wissen?

Der Begriff der *Seele* ist uralt. In der uns im abendländischen Denken geläufigen Form ist er von der griechischen Philosophie geprägt.* Das Wort *»psyche«* bedeutet, lautmalerisch, zunächst den Hauch, also den Atem als Träger des Lebens. Ich habe mich im jetzigen Buch mehrfach von dem intellektuellen Konstrukt des cartesischen Dualismus zweier »Substanzen« abgesetzt. Aber die Unterscheidung von Leib und Seele ist alt und beruht auf Erfahrungen, auch auf emotionalen Erwartungen; und uns muß daran liegen, Affekte als Formen der Wahrnehmung ernstzunehmen. Es gibt frühe schamanische Erfahrungen der Seele, die im Trancezustand den Leib verläßt und sich in andere Regionen versetzen kann. In Platons *Phaidon* erklärt Sokrates den Tod als die Trennung der Seele vom Leibe und so als ihren Weg zur reinen Erkenntnis des reinen Seins. Die indische Tradition lehrt die Wiederverkörperung der individuellen Seele in immer neuen Leibern.

* Hierzu und zum Folgenden: *Zeit und Wissen:* »Zu Georg Pichts Religionsphilosophie«.

Solche Erfahrungen wären vermutlich mit einer holistisch interpretierten Quantentheorie vereinbar, wenn »Leib« als Inbegriff des Faktischen und darum Räumlich-Abgegrenzten am Menschen aufgefaßt würde, »Seele« aber als Inbegriff des Möglichen, des Kontinuums. Ich verzichte darauf, solche Deutungen hier auszumalen und sie von der cartesischen Deutung begrifflich abzusetzen. Wichtiger als theoretische Deutungen ist es, die *Wahrnehmungen* ernstzunehmen.

Das mythische Denken nimmt *Götter* wahr, als seelische Mächte in der wirklichen Natur und eben darum im menschlichen Leben, in der menschlichen Geschichte.* Die Bilder, unter denen wir ihre Gestalt, durch Schaffung von Gestalt, wahrnehmen, sind anthropomorph: wir sehen sie in der Gestalt den Menschen gleichend, in der Naturerfahrung auch Tieren gleichend. Gerade wenn hier Wirklichkeit wahrgenommen wird, sind diese Bilder nicht genau. Ein mögliches Beispiel: Gestirnsgötter sind Bilder kosmischer Einflüsse auf die menschliche Seele und auf das menschliche Schicksal. In der frühen Astrologie, die mit der beginnenden Astronomie, also mit der beginnenden Naturwissenschaft zusammengehört, sind ihre Wirkungen schon als mathematisch faßbare Harmonien und Disharmonien gekennzeichnet.

Bilder Gottes. Die Vielheit der Götter, bald harmonisch, bald disharmonisch, liebend, lenkend, tötend, blieb nicht das letzte Wort. Es gab die meditative Grunderfahrung des Einen. Um in der kulturtragenden Religion wirksam zu werden, mußte sie, so scheint es, in Bilder gefaßt werden, an die sich der Betende, Handelnde, Glaubende wenden konnte. Es gab Religionen, die eine Göttermutter kannten. Es gab, nach dem Bild irdischer Herrschaften, den Götterkönig. Aber darüber hinaus gab es die Einsicht, die über diese Bilder hinausführt und die doch etwas wie ein Bild hinterließ. Mit

* Vgl. *Wahrnehmung der Neuzeit:* »Georg Picht: Zwei Briefe über den Titanismus«, S. 33–35.

dem Gedanken des Einen Gottes wurde sein Bild zum Problem. Hierfür war in allen Theologien ein Bewußtsein vorhanden.

»Ich bin der Herr, dein Gott, der ich dich aus Ägypten, aus dem Diensthause, geführt habe. Du sollst keine anderen Götter neben mir haben. Du sollst dir kein Bildnis noch irgendein Gleichnis machen, weder des, das oben im Himmel, noch des, das unten auf Erden, oder des, das im Wasser unter der Erde ist. Bete sie nicht an und diene ihnen nicht!« (2. Mos. 20,2–5). Offenkundig wird hier verboten, andere Götter neben dem Gott zu verehren, der das Volk aus Ägypten geführt hat. Später, als der Gott Israels als Schöpfer und einziger Gott verehrt wurde, haben Judentum und Islam auch Bilder dieses einen Gottes verboten. In dieser Tradition wagten nur Christen, Gott abzubilden, und unter ihnen nicht alle.

Was ist der Sinn des Bilderverbots? Ein Bild machen ist Wahrnehmung von Gestalt durch Schaffung von Gestalt. Vergegenwärtige den fremden Gott nicht – du würdest ihm dann gehorchen! Das Verbot, sogar den einen, wahren Gott abzubilden, wehrt der Gefahr, daß das Bild an die Stelle Gottes tritt. Erkenntnis einer tiefen Versuchung!

Aber die Bibel läßt Gott sprechen. Hören ist die sinnliche Grundfigur jüdischen und christlichen Glaubens. Ist jedoch das wörtlich weitergegebene, stets wiederholte Wort nicht auch ein »Bild«? Zumal, wenn eine Heilige Schrift entsteht, in der das Wort zu lesen ist? Und in der Theologie seit der griechischen Metaphysik: ist der rational geprägte Gedanke, gar in einem Gottesbeweis, nicht ebenso Wahrnehmung durch Gestaltung, ebenso ein »Bild«? In der Tradition der abendländischen Philosophie ist dann oft als höchste Stufe die »negative Theologie« bezeichnet worden, die jede positive Aussage über Gott als unzureichend verweigert. Analoge Lehren gibt es im Vedanta und im Buddhismus. Jedes Zen-Koan zertrümmert das Selbstvertrauen der rationalen Rede von der Erleuchtung.

Aber wer über das Schweigen redet, der schweigt nicht.* Ich habe mich unterfangen, ein Buch zu schreiben. Ich versuche einige Worte über das, was an der Grenze zwischen Schweigen und Reden geredet wird.

Der Gott der Bibel spricht, und wir sprechen ihn im Gebet an. Jesus lehrt uns, ihn Vater zu nennen. Wir stehen menschlich zu ihm. Man nennt ihn darum einen persönlichen Gott.

Der Gott der Metaphysik ist nicht Person, auch wo er als Geist gedacht ist. Es sei an die drei neuplatonischen Gestalten erinnert, aufsteigend: die Seele ist der belebende Hauch in der Zeit, der Geist schaut ewig, das Eine ist unaussagbar. Vedanta läßt sich hiermit vereinbaren. Im modernen Hinduismus habe ich die Rede gehört: »Gott als Person zu erfahren, wie die Christen, ist eine der höchsten Erkenntnisse. Doch ist der persönliche Gott eine Erscheinungsweise des überpersönlichen ewigen Atman.« Der Buddhismus vermeidet den Namen »Gott«, dem das vergängliche Prädikat des »Seins« zugeschrieben wird. Wenn strenge heutige Naturwissenschaft zum Holismus führt, so scheint sie damit in unmittelbare Nachbarschaft zur Metaphysik zu rücken.

Doch erscheinen alle diese metaphysischen Bilder noch stehend. Die Zeit als Horizont des Seins schimmert höchstens durch sie hindurch, so im Unglauben an »Sein« im Buddhismus, in der Naturwissenschaft als Geschichte der Natur, die wir dann doch mit unveränderlichen Gesetzen zu beschreiben suchen. Auch im christlichen Dogma ist die Welt nur in die Zeit zwischen Schöpfung und Erlösung eingeschlossen, mit *einem* echten heilsgeschichtlichen Ereignis, dem Kommen und der Auferstehung Christi. Alle diese stehenden Bilder symbolisieren, aber sagen nicht aus, was Gott in der konkreten Geschichte unseres Lebens bedeutet, für den Menschen in seiner Geschichte.

* Ein Rabbi war berühmt für seine Kunst des Schweigens. Ein Besucher fragte ihn, wie er sie gelernt habe. Er setzte zur Antwort an. Dann aber besann er sich und übte seine Kunst (Martin Buber).

Lassen wir uns zum Abschluß auf den tiefen Sinn des Bilderverbots für Gott in der Geschichte tiefer ein! Es gibt eine Tradition christlicher Theologie, die im Judentum und im Islam ihre Parallelen hat, welche den allmächtigen, allwissenden, allgütigen Gott als den »Herrn der Geschichte« versteht. Das ist ein intellektuelles Bild. Wie steht es zur Wirklichkeit? Wie steht es zur Bibel? Georg Picht* schrieb mir dazu einmal: »... es ist die Quintessenz der Geschichte des jüdischen Volkes, wie sie im Alten Testament erzählt wird, daß die Geschichte immer so verläuft, wie Gott *nicht* will. Sie zeigt nicht die Macht, sondern die Ohnmacht Gottes, der zürnt und vergibt, aber nicht steuert. Jesus schokkiert die Juden, weil er nicht in der Gestalt des Königs, sondern in der des leidenden Gottesknechtes erscheint. Gerade darin – also am Kreuz – offenbart sich das verborgene Wesen Gottes. Die Götter sind Mächte, er ist Ohnmacht.«

Picht wußte, wovon er sprach. Ich habe den Zitaten aus seinen Briefen über die Wichtigkeit der Götter und über das Gottesbild diese eigene Antwort** folgen lassen: »Diese Erfahrungen widersprechen fast allen Theologien. Sie sind, heute noch, unassimilierbare Wirklichkeit. Eine Weiterbildung unserer Wissenschaft und Philosophie, die imstande wären, solche Erfahrungen zu denken, ist wohl möglich – nachdem wir ihnen ins Auge gesehen haben. Auch das nennt man Meditieren.«

Ich wage heute noch einen bescheidenen Schritt weiter in dieser Richtung. Betrachten wir Pichts Erfahrung im Lichte der vier Aspekte der Religion.

Religion als »Träger einer Kultur« ist stets inmitten der Geschichte. Meist ist die kulturtragende Religion konservativ. Sie muß es sein, gerade weil die Kultur, die sie trägt, nicht ewig, sondern, wie alles Menschliche, vergänglich ist.

* Vgl. *Wahrnehmung der Neuzeit:* Brief von Georg Picht zum Titanismus, S. 35. Dazu *Zeit und Wissen:* »Zu Georg Pichts Religionsphilosophie«.

** *Wahrnehmung der Neuzeit*, S. 420.

Jüdische Religion als Träger des jüdischen Volks aber wurde erfahren als der Ursprung dieses Volks, und zwar durch Gottes Gebot, als »radikale Ethik«. Das ist der Unterschied von Gut und Böse. Das Gute aber müßte nicht geboten werden, wenn die Menschen nicht unablässig das Böse täten. Dies ist die Grunderfahrung: das Gebot Gottes, nicht seine Allmacht. Es gibt aber »innere Erfahrung«, kaum in Worten aussprechbar: gehorchst du diesem Gott, so bist du du selbst; du bist nicht glücklich, aber geborgen; Jesus sagt »selig«. So ist dieser Gott der einzige wahre Gott, allwirkend in deiner Seele. Dann folgt »Theologie«: erst im Lichte dieses Gottes kannst du die Welt verstehen, ihre Herrlichkeit, Himmel und Erde, ihr noch unbekanntes Ziel; sie kommt von ihm, von Gott.

Nun aber tut die Theologie das, wovor sie gewarnt war. Sie macht sich, intellektuell, ein Bild. Gott hat die Welt gemacht. Er ist allmächtig in ihrer Geschichte. Die unaussprechbare Möglichkeit wird faktisch interpretiert: und rational geht nichts mehr. Woher das Böse? Wohin die Geschichte? In der mystischen Erfahrung kann sich einmal der Blick auftun dafür, daß auch dies im Einen geborgen ist. Zurückgekehrt in die Welt der Faktizität aber sind wir damit nur zu getrostem Handeln aufgefordert. Das heißt Glauben.

Kehren wir Heutigen aus diesen Erwägungen in die faktisch beschriebene menschliche Geschichte zurück und erwägen wir deren Einbettung in die Geschichte der Natur, so öffnet uns die Evolution alsbald den Blick dafür, warum Gut und Böse praktisch unterschieden werden müssen. Eine sozial lebende Spezies von Tieren bedarf einer erblichen Anlage zur Sozialordnung, wenn sie überleben soll. Dabei sind, bei »knappen Gütern«, Konflikte zwischen den Individuen unvermeidlich; es muß eine erbliche Anlage geben, durch Rangordnungen und »moral-analoges Verhalten«, die Konflikte zu begrenzen. Der Mensch aber hat in wenigen Jahrtausenden soziale Zustände geschaffen, auf die er genetisch nicht vorbereitet war. Dies ist nur möglich, wenn der Konflikt bewußt reguliert wird. Daher ist Moral unerläßlich. Es gibt sie in allen menschlichen Gesellschaften. Die jüdische Unterscheidung des Guten und Bösen ist dann eine hohe kulturelle Leistung des radikalen Verständnisses der Moral, eine Offenbarung in der Kultur. Sie ist, wie die Propheten und, ihnen nachfolgend, Jesus gelehrt haben, eine noch unerfüllte Aufforderung an die Menschheit.

Wie die Evolution im Lichte des Holismus zu sehen ist, bleibt eine vorerst noch nicht beantwortete Anfrage an die Naturwissenschaft. Was sie theologisch bedeutet, ist eine unbeantwortete Anfrage an das Gottesbild im Zeitalter der Naturwissenschaft; es ist wichtig, dies als Aufgabe zu sehen. Wie wir in diesem Zeitalter handeln sollen, ist die letzte Frage des jetzigen Buchs.

III
Zukunft

Achtes Kapitel
Wohin gehen wir?

Wohin wir gehen, wissen wir nicht. Wir planen, wir fürchten, wir handeln und hoffen, wie schon immer in der Geschichte der Menschheit. Die Dimensionen haben sich vergrößert. Wir planen heute erdumfassend, wir haben erdumfassende Befürchtungen und bedürfen einer umfassenden Hoffnung.

Dieses Buch erhebt keinen prophetischen Anspruch. Der Frage »Wohin gehen wir?« darf es sich aber nicht entziehen. Wie werden wir die Frage richtig stellen?

Es sei mir erlaubt, den Leser noch einmal daran teilnehmen zu lassen, wie sich die Frage mir selbst gestellt hat, nun nicht nur in der Vergangenheit meiner Erfahrungen, sondern beim Schreiben dieses Buchs. Herkunft und heutige Einsichten habe ich versucht zu schildern. Wie sollte ich dieses letzte Kapitel dann anlegen? Ich fand mich mit vier Fragen konfrontiert:

Was werden wir wissen?
Was müssen wir fürchten?
Wie sollen wir handeln?
Was dürfen wir hoffen?

Aber die drei ersten Fragen verschränken sich alsbald ineinander. Was ich weiß, gibt mir Anlaß zu fürchten. Was ich fürchte, fordert mich auf zu handeln. Will ich aber richtig handeln, so erkenne ich erst, was ich wissen sollte. Erst wenn ich mich bemüht habe, das Notwendige zu wissen und das als notwendig Gewußte zu tun, scheint es, daß ich ein Recht habe zu hoffen. So gliederten sich die Fragen neu in drei Gruppen:

1. Was sollen wir wissen?
2. Was müssen wir tun?
3. Was dürfen wir hoffen?

Hier ist das Sollen des Handelns schon ins Verlangen nach Wissen eingefügt, das Müssen der Befürchtung ins notwendige Handeln. Hoffen dürfen wir; ohne Hoffnung würden wir nicht handeln.

Es sei bemerkt, daß sich die Fragen auch auf die drei Bereiche des »Baugerüsts« abbilden lassen: Wissen ist Urteil, Tun ist Handlung, Fürchten und Hoffen sind affektive Wahrnehmung. Ihre Verschränkung, wenn sie gelänge, wäre die bewußte Einheit von Wahrnehmen und Bewegen, das Zusammenspiel von Wahrnehmung, Praxis und Theorie.

1. Was sollen wir wissen?

Wir leben heute in einer Willens- und Verstandeskultur. Unser Wissen bestimmt den Rahmen dessen, was wir wollen und können. Insofern trägt unser Wissen unsere Kultur.

Vor drei Jahrzehnten habe ich einmal eine Vorlesungsreihe* mit zwei Thesen eingeleitet:

1. Der Glaube an die Wissenschaft spielt die Rolle der herrschenden Religion unserer Zeit.

2. Man kann die Bedeutung der Wissenschaft für unsere Zeit, wenigstens heute, nur in Begriffen erläutern, die eine Zweideutigkeit ausdrücken.

Was war damit gemeint?

Die Religion war einst der Träger der Kultur. Diese Bedeutung haben verschiedene Religionen in ihren jeweils verschiedenen Kulturen gehabt. Heute scheint den Religionen diese Rolle fortschreitend verlorenzugehen. Es gibt aber einen Glauben, den, ohne darauf zu reflektieren, fast die ganze Menschheit teilt: den Glauben an die Wissenschaft, zumal an die Naturwissenschaft** und an die durch sie inspirierte Technik. Wir denken meist nicht darüber nach, wie selbst-

* *Die Tragweite der Wissenschaft*, vorgetragen 1959–1961, veröffentlicht 1964.

** Jene Vorlesung war auf englisch gehalten; ich sprach von *»science«*.

verständlich der Glaube ist, mit dem wir bei Betreten eines Zimmers das elektrische Licht anknipsen, im Auto aufs Pedal treten. Der Glaube an diese Zuverlässigkeit ist uns allen gemeinsam: den Reichen im Gebrauch, den Armen in der Hoffnung. Seine Zweideutigkeit aber, die »Ambivalenz des Fortschritts«*, liegt für kritisches Nachdenken auf der Hand. Denn Wissen ist Macht. Das Wissen hat sich, so scheint es, der Frage »Wahr oder Falsch?« zu stellen, die Macht aber der Frage »Gut oder Böse?«

Was also *sollen* wir wissen? Wohin führt uns die Wissenschaft, wenn sie redlich ist? Der Weg der Wissenschaften, wie wir ihn im Fünften Kapitel verfolgt haben, gibt uns Anlaß, den Unterschied der beiden Ja-Nein-Entscheidungen »wahr-falsch« und »gut-böse« noch einmal zu hinterfragen. Gehen sie aus einer gemeinsamen Wurzel hervor, nur durch den pointierten Gegensatz von Theorie und Praxis getrennt?

Wir begannen in jenem Kapitel mit den Strukturwissenschaften und nannten die Logik die »Mathematik des Wahren und Falschen«, die Mathematik die »Kunst der Strukturen«, die Kunst aber »Wahrnehmung von Gestalt durch Schaffung von Gestalt«. Wir nehmen also das Wahre und Falsche wahr, indem wir seine Gestalt schaffen: in Begriffen, Sätzen, Schlüssen. Mathematik ist dann das gedankliche Instrument der Naturwissenschaften, zumal der Physik – so schien sie uns den Kern der neuzeitlichen Kultur zu härten. Die Physik hat jedoch zur Quantentheorie geführt, deren Holismus uns auffordert, alle Alternativen nur als Näherungen zu verstehen, die erst im Rahmen des Ganzen ihren vollen Sinn erhalten würden. Dies blieb eine vorerst uneingelöste Aufforderung an die Philosophie.

Wir wandten uns dann dem Leben und dem Menschen zu. Die Wissenschaften vom Menschen aber verlangen, wenn sie wahr sein sollen, durchweg Kommunikation, Wahrneh-

* *Der Garten des Menschlichen* I.3. Das Buch jetzt auch englisch mit dem Titel *The Ambivalence of Progress*.

mung des Mitmenschen. Ist aber Wahrnehmung des Mitmenschen nicht ein Aspekt des Guten? Ist das praktische Gute nicht das ursprüngliche Ziel von Theologie, Jurisprudenz und Medizin? Die Geisteswissenschaften lehren uns dann die drei hermeneutischen Forderungen: Lerne den Anderen in seiner Fremdheit sehen! Lerne den Anderen von seinen Voraussetzungen aus verstehen! Lerne dich selbst erst sehen, indem du dich vom Anderen her siehst! Die Sozialwissenschaften thematisieren Gelingen und Mißlingen des Handelns in Kommunikation. Die Tiefenpsychologie, aus der therapeutischen Kommunikation hervorgegangen, lehrt uns in der Traumsymbolik die Wahrnehmung von Gestalt durch Schaffung von Gestalt als eine elementare Leistung des Menschen erkennen und eröffnet der Wissenschaft einen neuen Blick auf Mythos, Religion und Kunst als solche Wahrnehmungen. Sie lehrt mich aber auch, mich als den meinem Bewußtsein Fremden zu sehen, als den, der ich nicht sein wollte.

All dies wäre gut zu wissen. Aber in der Praxis bleibt es heute noch fast wirkungslos. Es bleibt wirkungslos im Alltag der wissenschaftlichen Zunft, und es bleibt wirkungslos im Alltag unserer Kultur, die an die Wissenschaft glaubt. Die Wissenschaft ist nicht wissend genug, und wo sie wissend ist, ist sie nicht mächtig genug. Was müssen wir infolgedessen fürchten?

Technik ist Macht. Die Wissenschaft hat der Technik ihre heutige Macht gegeben. Als die Wissenschaft sich gegen angstvolle kirchliche Bevormundung durchgesetzt hatte, wurde sie zum Symbol des Fortschrittsglaubens, wenngleich stets von kluger Skepsis einiger Zeitgenossen begleitet. So, öffentlich glanzvoll, trat sie in unser Jahrhundert ein. In den letzten Jahrzehnten aber begegnet sie zunehmendem öffentlichen Mißtrauen. Darf die Wissenschaft denn, bei vorweg unbekannten Ergebnissen, immer weiter forschen? Darf sie unvorhersehbare Machtmittel in die Hände der Menschheit legen?

Mich hat in der Tat die Atombombe wohl ein Jahrzehnt lang innerlich zaudern lassen, ob ich die von mir geliebte Physik weiterführen dürfte. Von Galilei führt ein schnurgerader Weg zur Atombombe – wo hätte man ihn unterbrechen können? Dürrenmatts Tragi-Komödie *Die Physiker* schildert das Problem: Verstecke dich mit deiner Entdekkung im Irrenhaus, und die Chefärztin wird sie dir rauben und wird sie frohlockend öffentlich anwenden. Dürrenmatt hat recht. Individuelle Verweigerung löst das Problem nicht, das durch die Existenz der Wissenschaft in der Welt ist. Man muß hinzufügen: Es hätte auch nichts genützt, wenn jener Forscher seine Entdeckung nicht gemacht hätte; ein anderer hätte spätestens zehn Jahre danach dasselbe gefunden. Es ist nicht ein Problem des Individuums und seiner etwaigen Gewissensberuhigung durch Verweigerung; es ist das Problem einer Kultur.

Ich habe für mein Leben die Folgerung gezogen, die Wissenschaft weiterhin zu betreiben, aber zugleich die politische Verantwortung für ihre Folgen im vollen, mir möglichen, Umfang auf mich zu nehmen. Daß diese Verantwortung dem Wissenschaftler als Mitmensch, als Staatsbürger, als Weltbürger unausweichlich zufällt, ist mir immer selbstverständlich erschienen. Ich erläutere das gern durch den Scherz: »Wenn Eltern ihrem dreijährigen Kind beibringen, wie man Streichhölzer anzündet, und wenn sie dann spazierengehen und bei der Rückkehr ihr Haus in Flammen finden, so hat ja wohl nicht das Kind die Streichhölzer ›mißbraucht‹; die Eltern tragen die Verantwortung.«

Die Verantwortung der Wissenschaft kann zwei verschiedene Formen annehmen: sie kann *prohibitiv* und *konstruktiv* ausgeübt werden. *Prohibitiv* kann die Zunft der Wissenschaftler sich Regeln setzen, bestimmte Fragen nicht (oder jetzt nicht) zu erforschen, bestimmte Anwendungen nicht (oder jetzt nicht) auszuführen. Das ist eine etwas wirksamere Verallgemeinerung des individuellen Verzichts und ist heute sicher eine Aufgabe, die bis zu rechtlich bindenden

Vorschriften führen sollte. Noch wichtiger aber ist die *konstruktive* Anstrengung, Bewußtsein und Struktur der Gesellschaft so zu verändern, daß die schädlichen Wirkungen vermieden werden.

Ist diese konstruktive Wandlung möglich? Ich antworte: Ja! Sie ist grundsätzlich möglich, wenn eine hinreichend wissende und einflußreiche Minderheit sie will. Ob dies real geschehen wird ohne vorhergehende Belehrung durch Katastrophen, weiß ich freilich nicht.

Was setzt die konstruktive Wandlung voraus? Im Blick auf die praktischen Probleme, vor denen die Menschheit heute steht, und die ich im nachfolgenden Abschnitt noch einmal bespreche, habe ich mehrmals gewagt, öffentlich zu sagen: Unter diesen Problemen gibt es keines, das nicht grundsätzlich in gemeinsam angewandter Vernunft gelöst werden könnte. »Vernunft« definiere ich dann als rationale Wahrnehmung eines Ganzen. Damit soll nicht ein Theoriegebäude gemeint sein, sondern direkte, aber rational kontrollierte Wahrnehmung, etwa anlehnend an den Alltagsgebrauch des Wörtchens »vernünftig« (»sei doch vernünftig!«). Diese These von der gemeinsam anzuwendenden Vernunft drückt meine wahre Meinung aus. Ich spreche sie aber auch aus, um zum Handeln Mut zu machen.

Was also sollen wir wissen? Wir sollen das Wissen erwerben, welche Handlungen heute notwendig sind.

2. Was müssen wir tun?

Wo stehen wir? Unter diesem Titel wurden in Kap. 3.30 vier Problemkreise besprochen; drei, die das Handeln herausfordern: Reichtum und Armut, Krieg und Frieden, Mensch und Natur; einer, der zur Wahrnehmung rät: Mann und Frau.

Die drei Handlungsprobleme sind heute in einsehbarer Weise ungelöst. Ich ordne hier ihre Reihenfolge etwas anders an.

Mensch und Natur. Was müssen wir fürchten? Wie sollen wir handeln? Die beiden Fragen gehören untrennbar zusammen. Seit der Mensch das mächtigste Lebewesen auf der Erde ist, hat er nichts so sehr zu fürchten wie die Folgen seines eigenen Handelns. Und wenn er versteht, was er fürchtet, so mag ihn dies lehren, wie er handeln sollte.

Wie sollen wir handeln? Im Grundsatz scheint das eine Frage der *Ethik* zu sein, in der Praxis aber meist eine Frage des *Planens.* Beide Gesichtspunkte sind ernstzunehmen. Handle recht! Bedenke die Folgen! So wie kulturtragende Religionen sich in Krisen auf ihre ethischen Normen besinnen mußten, so muß dies auch die kulturtragende Wissenschaft tun. Ethisches Verhalten zum Mitmenschen fordert, ihn liebend wahrzunehmen. Das bedeutet Verständnis seines persönlichen Wesens, seiner speziellen Situation: Verantwortungsethik. Aber wenn Kraft und Mut uns fehlen, das Nötige zu tun, so können die klassischen ethischen Normen uns dazu stärken: Gesinnungsethik. Ich werde daher die Fragen sowohl »funktional« wie »ethisch« stellen.

Heute verstehen wir Ethik meist als Norm des Verhaltens zwischen Mensch und Mensch. Die kultischen Normen alter religiöser Kulturen aber beziehen die Natur in diese Partnerschaft, in diese Verehrung ein. Die heute in unserer Zivilisation wieder erwachende Rücksicht auf die Natur wird Ökologie genannt; *»oikos«* heißt »Haus« oder »Wohnsitz«, Ökologie also wörtlich Haushaltslehre. Auch eine Hausgemeinschaft aber kann nicht ohne Ethik sein. Wir haben hier im Abendland wieder zu lernen. Was unsere Bibelübersetzung schreibt: »Macht euch die Erde untertan« (1. Mos. 1,28), das bedeutet in der alten »Ethik des Herrschens und Dienens« selbstverständlich »und traget für die euch Unterworfenen die Sorge, die der Herr dem Dienenden schuldet!«

Da wir aber diese Fürsorge, außer wo sie unseren direkt sichtbaren Interessen dient, längst verlernt haben, ist es nötig, funktional an unsere Pflicht erinnert zu werden. Ich habe die Aufgabe im Dritten Kapitel, 30 unter dem Titel

»Mensch und Natur« mit dem Begriff »Erdpolitik« beschrieben. Ein Beispiel ist die Notwendigkeit, zur Vermeidung einer Klimakatastrophe den Verbrauch fossiler Brennstoffe in wenigen Jahrzehnten weltweit radikal zu senken. So kompliziert Klimavorhersagen und ähnliche Berechnungen auch sind, im Prinzip ist doch diese Aufgabe der Wissenschaft leichter zugänglich als das kompliziertere Verhalten menschlicher Gesellschaften. Man kann manches zwar erst mit Sicherheit behaupten, wenn es zur Abhilfe zu spät ist. Aber wer mit normalem Menschenverstand bereit ist, auch schon auf sinnvolle Wahrscheinlichkeitsabschätzungen hin zu handeln – und tun wir das nicht ständig im Leben? –, der könnte ein Programm gemeinsam angewandter Vernunft entwerfen, das den Verantwortlichen in allen Staaten zu unterbreiten wäre. Freilich setzt die Durchsetzung eines solchen Programms den Weltfrieden und den Weg zu einer weltweiten Sozialordnung voraus. So sind die drei Themen aneinander gekoppelt.

Armut und Reichtum. Der Mensch ist das mächtigste Lebewesen geworden, weil er lernen konnte, die erforderten Güter bereitzustellen, sich ihrer zu »bemächtigen«. In dem Maße aber, in dem die Menschen Güter speichern können, nimmt die Anzahl der Menschen zu, die Güter werden immer von neuem knapp. Verfügung über die Güter wird ein Privileg, es gibt Reiche und Arme, es gibt Herrschaft, die nie ohne Gewalt aufrechterhalten wird, also unweigerlich nie ohne Krisen. Ich vermute*, daß Hochkulturen, die meist nach zwei oder drei stabilen Jahrhunderten in schwere Krisen verfielen, nur so lange stabil waren, als sie durch maßvolles Wirtschaftswachstum die Umstände mildern konnten. Heute zehrt das rasche Bevölkerungswachstum in den armen Regionen das rasche Wirtschaftswachstum wieder auf.

* *Wahrnehmung der Neuzeit,* S. 14. *Bewußtseinswandel* II,2 Ac: »Politische Krisen in stabilen Kulturen«, S. 52.

Die Analyse der Ursachen ist politisch umstritten*, die Folgen aber sind moralisch unvertretbar. Was ist zu tun?

Was müssen wir fürchten? Diese Frage, so gestellt, ist nicht mehr die Frage nach sozialer Gerechtigkeit. Es ist die Frage nach möglichen katastrophalen Folgen. Die drei Problemkreise hängen zusammen. Die Zunahme der Zahl der Armen schafft immer neue politische Spannungen, immer neue Kriegspotentiale. Sie schafft einen Zwang zur Produktionsausweitung, den unsere natürliche Umwelt auf die Dauer nicht ertragen *kann.* Sie schafft Motive zur Migration, einem historisch beispiellosen Wanderungsdruck aus den armen in die reichen Länder, der mit Gewalt und doch nur unvollständig verhindert werden wird. Es ist eindeutig klar, daß der Prozeß nicht so weitergehen darf.

Funktional wäre es möglich, genug Güter für eine heute stabil bleibende Menschenzahl zu erzeugen und zu verteilen. Daß es nicht gelingt, liegt an drei zusammenwirkenden Faktoren: dem Fehlen staatlich garantierten sozialen Ausgleichs im Weltmarkt; der Fremdheit vieler kultureller Traditionen gegen die technische Funktionalität heutiger Produktion; und schließlich eben dem fortdauernden Wachstum der Bevölkerung. Der soziale Ausgleich würde weltweit das fordern, was der liberale Rechtsstaat in den Industrienationen als Minimum garantiert hat: eine Rechtsordnung, welche gestattet, soziale Interessen demokratisch durchzusetzen. Die Modernisierung der Kulturen braucht die Zeit mehrerer Generationen; und die Ambivalenz der technischen Zivilisation läßt uns wünschen, daß auch diese Zivilisation selbst dabei von den Werten der klassischen Kulturen lernt. Das Bevölkerungswachstum ist, jedenfalls in agrarischen Regionen, selbst eine Folge der Armut: die Familie braucht die Kinder als Arbeitskräfte; so wird das Bevölkerungswachstum wohl nur durch maßvollen Wohlstand zum Stehen kommen, oder aber durch katastrophale Zustände.

* Dazu *Bedingungen der Freiheit,* Rede 1.

Ethisch haben die Hochreligionen stets vor der Gier nach Gütern gewarnt. Im klassischen »Ethos des Herrschens und Dienens« wurde Maßhalten in dreifacher Abstufung gefordert:* als Bescheidenheit der Dienenden, als Selbstbeschränkung der Herrschenden, als echte Askese der freiwillig Verzichtenden. Wo so Maß gehalten wurde, konnte es eine stabile Gesellschaft geben. Seit zweihundert Jahren setzt sich das »Ethos der Freiheit und Gleichheit« durch, die aufklärerische Säkularisierung eines christlichen Ideals. Das Maßhalten unter diesem Ethos (die »demokratische Askese«) ist noch nicht gelernt.

Was ist somit gefordert? Funktional als Mindestes eine international einklagbare Rechtsordnung, also auch dasjenige Maß an Weltfrieden, das hierfür nötig ist; ferner die aktive Kooperation der Staaten, um weltweit planmäßig wenigstens das entstehen zu lassen, was man in Deutschland »soziale Marktwirtschaft« nennt. All dies in wenigen Jahrzehnten. Ethisch ist gefordert Hilfsbereitschaft und Maßhalten, und als Wichtigstes die Wahrnehmung der Bedürfnisse der Mitmenschen rings um die Erde. Diese Wahrnehmung wird intellektuell nicht von allen verlangt, aber von den meinungsbildenden Minderheiten. Solche Erkenntnis strahlt aus. Was hier gefordert wird, ist kein politischer oder ethischer Radikalismus; es ist schwerer als die herrschende Anpassung und schwerer als die Selbstbefriedigung des Radikalismus. Es ist möglich. Ob es rechtzeitig geschehen wird, kann man bezweifeln.

Krieg und Frieden. Das Problem ist das tödlichste und zugleich das durchsichtigste.

Was müssen wir fürchten? Ein mit vollem Einsatz der nuklearen Waffen geführter Krieg könnte vielleicht, über den »nuklearen Winter« das Leben auf der Erde ausrotten

* »Gehen wir einer asketischen Weltkultur entgegen?«, in *Deutlichkeit* (1978), abgedruckt in *Der bedrohte Friede* (1981).

oder doch von menschlicher Kultur nur wenig übriglassen. In der zweiten Hälfte der Achtzigerjahre hat es in unserer nordwestlichen Welt zeitenweise eine Euphorie gegeben, der »kalte Krieg« sei zu Ende. Solange die Waffen noch da sind, weiß aber niemand, ob man sie nicht einmal in einer Krise benützen wird. Vielleicht war der eingefrorene kalte Krieg unter der gegebenen Situation das relativ sicherste Mittel, den heißen Krieg zu vermeiden. Die Proliferation der nuklearen Waffen in immer weitere Länder ist noch nicht zum Stehen gekommen. Die Gefahren chemischer Waffen sind erkennbar, die Gefahren biologischer Waffen sind unabsehbar. Wohin Waffenexporte führen, hat der Golfkrieg gezeigt; daß dieser Krieg eines der realen Probleme der Region gelöst hätte, ist bisher nicht zu erkennen.

Wie sollen wir handeln? Ernährung, Bekleidung, Behausung sind objektiv nötig; deshalb sind ökonomische Probleme objektive Probleme. Krieg ist nicht nötig. Wie Krieg als anerkannte Institution historisch enstanden ist, läßt sich leicht beschreiben. Er ist eine der Folgen davon, daß der Mensch Erfindungen gemacht hat, auf die seine instinktive Ausstattung nicht eingerichtet war. Er ist, als Problemlösung, mit dem heutigen Stand der Technik nicht mehr verträglich. Er muß überwunden werden.

Was ist funktional und ethisch zu fordern? Vor längerer Zeit* habe ich versucht, dies in drei Thesen zu fassen. Ich erlaube mir, sie hier noch einmal zu zitieren:

1. Der Weltfriede ist notwendig. Er ist Lebensbedingung des technischen Zeitalters.

2. Der Weltfriede ist nicht das goldene Zeitalter. Er ist nicht die Elimination der Konflikte, sondern die Elimination einer bestimmten Art des Austrags der Konflikte (Welt-Innenpolitik).

3. Der Weltfriede fordert von uns eine außerordentliche moralische Anstrengung.

* *Bedingungen des Friedens* (1963), in: *Der bedrohte Friede* (1981).

Die erste These wiederholt nur das vorhin schon Gesagte.

Die zweite These fordert friedlich konfliktlösende Institutionen. Dies ist u. a. das Ziel der Vereinten Nationen. Ich gehe im jetzigen Buch nicht auf die konkreten Probleme der politischen Verwirklichung des Ziels ein. Das Wort »Welt-Innenpolitik« sollte zunächst nicht einfach ein Ideal bezeichnen, sondern einen schon heute beobachtbaren realen Bewußtseinswandel, der nicht ohne Ambivalenzen ist. Man wagt nicht mehr, große Kriege mit nationalen Machtinteressen zu begründen, wie es das 19. Jahrhundert in Europa noch unbefangen tat. Man braucht »innenpolitische« Kategorien, um Weltmachtkämpfe zu rechtfertigen, so »Freiheit«, »Sozialismus«, »Islam«. Dies könnte sogar zurück in die Schrecklichkeiten der Glaubenskriege führen, doch läßt es auch die Einsicht zu, daß solche Konflikte keinen kriegerischen Austrag brauchen.

Die dritte, moralische These habe ich dann noch durch den Satz erläutert: Wir müssen eine Ethik des Lebens in der technischen Welt entwickeln. Darauf komme ich alsbald zurück. Zuerst aber noch eine grundsätzliche Bemerkung zur Ethik des Friedens.

Die höchsten Formen ethischer Forderungen sind in den verschiedenen Religionen sehr nahe verwandt. Ihnen muß (Siebtes Kapitel, 3) eine gemeinsame Einsicht zugrunde liegen. Hier wird das Töten überhaupt verboten. In der Tradition der Religionen hat man diese radikalen Forderungen – so auch der Verzicht auf persönlichen Besitz – meist auf den Kreis der freiwillig Verzichtenden, auf das mönchische Leben, eingeschränkt. Die Bergpredigt ist, so wie sie überliefert ist, von Jesus zu seinen Jüngern gesprochen. Doch ist kaum zu zweifeln, daß er sie für alle Menschen gemeint hat, für das gekommene, wachsende Gottesreich. In der christlichen Tradition ist immer einmal wieder durch die Tat bewiesen worden, so von den Quäkern, daß das Tötungsverbot wörtlich genommen werden kann.

Die Überwindung des Kriegs ist faktisch noch nicht geleistet. Die Gefahr schwebt noch über dem Haupt eines jeden von uns. Und doch ist der Weg in unserem Jahrhundert deutlicher eingeschlagen als je zuvor.

Verwirklichung. Die Probleme sind ungelöst. Ich wiederhole die These: In gemeinsam angewandter Vernunft wären sie lösbar. Vernunft: das heißt hier, das Notwendige erkennen. Gemeinsam angewandt: das als notwendig Erkannte verwirklichen.

Vernunft ist hier gleichsam die erste Forderung einer Ethik der technischen Welt. Leiste die Anstrengung, das Notwendige als notwendig zu erkennen! Verdränge deine Wahrnehmungen nicht! Nimm sie bewußt wahr und ziehe die Folgerungen aus ihnen!

Eine solche Forderung ist leichter zu erfüllen, wenn man sie gemeinsam zu erfüllen sucht. Deshalb ist der Kern des politischen Liberalismus die gemeinsame öffentliche Wahrheitssuche in freier Debatte. Alle autoritären Systeme scheitern daran, daß sie, aus Angst, die freie Debatte nicht zulassen und dadurch garantieren, daß die notwendigen Wahrheiten nicht ausgesprochen werden. Eine liberale Debatte kann freilich auch scheitern; das Verbot der Debatte aber garantiert den Untergang. Wir haben Beispiele gesehen.

Traditionell gibt es die gemeinsame Wahrheitssuche in begrenzten Gruppen: in einer Familie, in einem Dorf, in einem Staat. Nicht alle Glieder einer Gruppe machen die Anstrengung der Erkenntnis. Es genügt, wenn es meinungsbildende Minoritäten gibt und wenn die Mehrheit bereit ist, sich der erkannten Notwendigkeit zu fügen. So haben Gesellschaften in der Geschichte überlebt.

Weltweite Wahrheitssuche ist heute die Aufgabe. Es ist die direkte moralische Pflicht der meinungsbildenden Minoritäten rings um die Erde, insbesondere aber in den reichen und daher herrschenden Nationen, also bei uns, jede mögliche Anstrengung zu machen, daß sie das Notwendige erkennen und politisch durchsetzen. Der Autor dieses Buchs und wohl die Mehrzahl seiner Leser gehört zu dieser Minorität. Das Buch darf nicht enden ohne diese direkte Aufforderung an seine Leser. Es gibt keine dringendere Pflicht.

So viel zur kurzfristigen Aufgabe. Gibt es langfristige Hoffnung?

3. Was dürfen wir hoffen?

Wir haben versucht, zu sagen, was getan werden soll: Ethik der technischen Welt. Ethik bedarf der Wahrnehmung. Hoffnung ist Wahrnehmung des Möglichen. Wahrnehmung geschieht auch hier durch Schaffung von Gestalt. Die Gestalten, die die Hoffnung schafft, sind Symbole oder Wegmarken. Sie bezeichnen einen Weg. Gehen wir den Weg, so werden sich neue Symbole zeigen.

Haben wir rationalen Grund zur Hoffnung? Wir werfen einen Blick zurück auf unsere Herkunft. Der Mensch in seiner Geschichte ist ein Kind der Geschichte der Natur. In der Geschichte der Natur fanden wir das Grundphänomen des Wachstums von Gestalten. Die Geschichte der Natur, zumal des organischen Lebens, vollzieht sich in Abfolgen von Ebenen und Krisen. Ebenen: langdauernde Konstanz der Gestalten. Krisen: rasche Änderungen, »Fulgurationen«, d. h. Blitzschläge. Ob eine neue Gestalt lebensfähig ist, zeigt sich dann in ihrer weiteren Geschichte. Der Mensch ist ein solcher Blitzschlag in der Geschichte der Natur. Zum erstenmal geschieht Geschichte nicht einfach, sondern sie wird wissend gestaltet. Die Menschheitsgeschichte der letzten Jahrtausende ist eine Kette von Fulgurationen. Jedes Jahrtausend hat Gestalten hervorgebracht, die von den jeweils früheren Gestalten her nicht ausdenkbar waren. Ich habe in diesem Buch einige genannt. Es sei erinnert an Ackerbau, an Städte und Reiche, an Kunst, an Mathematik und Philosophie, an radikale Ethik und meditative Erfahrung, an Weltumseglung, Industrie, Demokratie.

Haben wir Symbole der Hoffnung? Die Religionen, welche die Kulturen trugen, sind weitgehend aus innerer Wahrnehmung entstanden. Sie schufen Gestalten, welche diese Wahrnehmung trugen, Symbole ihrer Hoffnung. Wenn ihre überlieferten Lehren und Sitten heute ihre tragende Kraft zu verlieren scheinen, so zeigt dies nicht den Untergang, aber eine Krise an. Es ist die Frage nach einer neuen Wahrnehmung durch neue Gestalt.

Ich habe zu sagen gewagt, daß nach meinem Empfinden die überlieferte christliche Verehrung noch zwei Drittel dessen verhüllt, was Jesus wirklich war: die aufs Diesseits bezogenen zwei Drittel. Während ich an diesem Schlußkapitel schrieb, am Himmelfahrtstag 1991, habe ich mir morgens notiert: Was heißt Himmelfahrt? Die Christen haben ihre Hoffnung in dem Glauben symbolisiert, Christus, gekreuzigt und begraben, sei auferstanden, auf der Erde gegangen und seinen Jüngern erschienen, zum Himmel aufgefahren, sitze zur Rechten Gottes, des Vaters, und werde wiederkommen, um die Lebenden und die Toten hier auf der Erde zu richten. Dieser Glaube leugnet keine der Katastrophen der Menschheitsgeschichte. »Ihr werdet hören Krieg und Kriegsgeschrei« (Mk. 13,7). Aber dieser Glaube verspricht nicht einen Trost jenseits der Erde. Er erzählt diesseitige Erinnerungen der Jünger. Er erwartet die Erfüllung hier auf der Erde, Auferstehung des Fleisches. So wurde die Hoffnung symbolisch ausgedrückt. Jesus hat aber auch gesagt, daß das Reich schon da ist, daß es wächst wie das Senfkorn zum Baum, daß es den Teig des Brotes ganz durchsäuert.

Habe ich mich, noch Kind, getäuscht, wenn mich die Wahrheit der Bergpredigt erschütterte, mich aus der Selbstzufriedenheit und dem Ehrgeiz verjagte? Lese ich sie heute, als Wissenschaftler, in historischer Bildung erzogen, so ist meine Reaktion: Was da steht, ist die schlichte Vernunft. Einige Wendungen in ihr sind zeitbedingt. Aber jeder sieht: Würden wir ihre Forderungen erfüllen, so wäre unser aller Leben besser, niemand würde verlieren. Und die Seligpreisungen können wir am heutigen Tag in uns selbst erfahren, wenn wir uns ihrem Inhalt öffnen.

Haben wir konkrete Inhalte der Hoffnung? Es ist unmöglich, vorherzusagen, was kommen wird. Aber wir sehen offene Wege. Der Weg der Wissenschaft ist offen. Was wird uns holistisches Denken über die Natur des Menschen lehren? An welcher unerwarteten Stelle wird die Fulguration einer neuen Einsicht entstehen? Der Weg der Ethik ist offen. Denn er ist der Weg, die Wahrnehmung des Mitmenschen zu lernen. Der politische Bewußtseinswandel ist unterwegs. Es ist nicht unmöglich, daß wir erst durch die größten selbstverschuldeten Katastrophen lernen werden. Ich habe ein Leben lang auf diese Katastrophen hinweisen müssen und bin der Erfahrung des inneren Verzweifelns nicht entgangen. Aber ich habe nie an das absolute Ende geglaubt. Stets habe ich so geredet, daß Mut zum Handeln und nicht Verzagtheit die Folge sein sollte. Der Weg zum Verständnis der Rolle der Frau in einer bisher weitgehend von Männern geprägten Welt ist offen. Es ist der Weg zu einer direkteren Wahrnehmung. Der Weg meditativer Erfahrung ist offen. Er ist nicht die Flucht in ein inneres Jenseits; er führt in die Gegenwart, in die Vernunft zurück.

Ich habe versucht, von dem zu reden, was ich erfahren habe. Andere werden anderes, werden mehr erfahren. Sie werden handeln.

Namenregister

Carl Friedrich von Weizsäcker im dtv

Foto: Isolde Ohlbaum

Wege in der Gefahr
Eine Studie über Wirtschaft, Gesellschaft und Kriegsverhütung

Dieses Buch »ist geeignet, den Blick für die politischen Realitäten im Atomzeitalter zu schärfen, die sonst gelegentlich an Konturen verlieren... Für Weizsäcker, wie für viele Kulturkritiker der Gegenwart, ist das bloße wissenschaftliche Denken ohnmächtig. Das Ziel eines Bewußtseinswandels ist eine ›von Liebe ermöglichte Vernunft‹.« (Wehrwissenschaftliche Rundschau)
dtv 1452

Deutlichkeit
Beiträge zu politischen und religiösen Gegenwartsfragen

Was heißt Verteidigung der Freiheit gegen Terrorismus und Repression? Hat das parlamentarische System eine Zukunft? Welche Chancen und Risiken birgt die friedliche Nutzung der Kernenergie? Gehen wir einer asketischen Weltkultur entgegen? Wie läßt sich die Frage nach Gott mit dem naturwissenschaftlichen Denken vereinen? – Vielfältige Fragen, die Weizsäcker klar zu beantworten versucht.
dtv 1687

Wahrnehmung der Neuzeit

Die Wahrnehmung der Neuzeit und ihrer Krise ist Weizsäckers Hauptanliegen in diesem Band mit Aufsätzen und Vorträgen von 1945 bis heute: »Das Ziel ist, die Neuzeit sehen zu lernen, um womöglich besser in ihr handeln zu können.«
dtv 10498

Bewußtseinswandel

Carl Friedrich von Weizsäcker beschäftigt sich in diesen tief durchdachten Aufsätzen mit der zentralen Krise der Menschheit. »Von Weizsäcker tritt auf als ein Prediger, ein Warner vor dem Untergang der Menschheit, einer, der den Quellen der Weisheit ganz nahe sitzt.«
(Kurt Kister in der Süddeutschen Zeitung) dtv 11388

Das Carl Friedrich von Weizsäcker Lesebuch

Ein Querschnitt aus dem Gesamtwerk Carl Friedrich von Weizsäckers, einer der herausragendsten Persönlichkeiten der geistigen Kultur Deutschlands.
dtv 30305